自分らしく輝く

ナチュラルコスメのつくり方

奈緒子
NAOKO

雷鳥社

はじめに

すべての基礎化粧品を、オーガニックの植物や食べられる素材で手づくりして15年。ずっとファンデーションは使っていません。

もともと肌の弱い私は、かゆみや赤みなどの肌トラブルに悩まされてきました。少しでもきれいになれればと、数々の化粧品を試したものの、かえって症状は悪化していきました。その体験から、スキンケアを勉強し、市販の化粧品って何からできているの？　と成分を調べたり、化粧品の開発者に直接話を聞いたりするようになりました。そうして辿り着いたのが、ナチュラルコスメでした。自然の植物やキッチンにある食物を使った手づくりコスメが、一番効果が高いことがわかったのです。そうして基礎化粧品をつくり、使い続けているうちに、気づけば肌荒れは治り、今ではファンデーションを使わない健康的なつや肌を日々更新しています。

もっと多くの方に植物の生き生きとした生命力や神秘的な力を感じて欲しいと、「ハンドメイドグロウアップコスメスクール」を開講し、今年で13年目になります。おかげさまで、300名を超える卒業生が、私の教えた癒しのメソッドや植物を使ったスキンケア法を、個々人のフィールドでアレンジし、ワークショップやスクールを開催したりとご活躍されています。

美しさとは、見た目だけではありません。ちまたの行き過ぎた美容の概念には、少なからず疑問を感じます。いくら見た目が美しくても、素肌や心が元気でないのなら、私は不自然さを感じます。うわべだけの過度なつくりものは、いずれ心を壊してしまうからです。

美しさへの悩みのひとつに必ず老いがあります。しかし、老いに怯えて生きるよりも、歳を取るごとに、美しくありたいものです。そのためには、内側からの精神的な美しさも大切なのです。たとえシミがあっても、シワが刻まれても、それを慈しみ愛する心が表に出ていれば、とても輝いて見えるのです。また、たとえ若くてもメンタルが健康でないと、幸せそうな美しいつや肌は成り立ちません。

私は手づくりコスメを教えるとともに、いつでもサポートしてくれる宇宙の叡智と対話をしながら、本当の望みに気づき、幸せな感覚を高めていくグロウアップメッセージスクールも運営しています。

この本には、そんな内側からも外側からも美しくなるためのレシピがたっぷりと詰まっています。レシピやメッセージは、すべて私の実体験に基づくものです。ぜひ一回で終わらせずに何度も実践してみてください。そして、プロセスにこだわりすぎず、植物の声や自分との対話を思いっきり楽しんでください。自分の感覚や心地の良いエネルギーに、焦点を合わせてみてください。頭で考えるのではなく、ただシンプルに、気持ち良さを感じること。

この本を通じて自分に優しく寄り添い、向き合う静かなひとときが、きっとあなたの人生の宝物になると信じています。

奈緒子

もくじ

その2

スキンケア編　skincare 15

その3

マッサージ編　massage 09

その4

リフレッシュ編　refresh 11

コラム

TRIVIA

CHAPTER

I

ナチュラルコスメをはじめる前に

命を救う「聖なる植物」を使った ナチュラルコスメ

ナチュラルコスメとは、有効成分の豊富な植物を使ってつくられたコスメティック（＝化粧品）のことをいいます。

ナチュラルコスメの歴史は、植物療法から端を発しています。大昔は傷や病気を治すための薬であった植物の効能は、いつしか肌を美しく保つための美容法として発展してきました。

植物療法の歴史は古く、紀元前３０００年頃にはじまった、古代エジプト文明にまでさかのぼります。「香り」を表す「Perfume」はラテン語の「PerFumum（煙によって立ち昇る）」が語源であるといわれています。火によって生じる煙は、香りとともに天に昇っていき、神に通じると信じられていたそうです。植物の香りは神聖で悪を排除し、病（悪）から身を守るものとされたほか、神への供物や御神体であるミイラの防腐を目的として、宗教的にも多く利用されていました。

紀元前1世紀頃になると香料産業が発達し、近隣国との貿易も盛んに行われるようになりました。当時エジプトを治めていたクレオパトラは、専用の植物工場を持ち、毎日バラを浮かべたお風呂に入り、寝室にはバラの花を敷き詰めていたそうです。そして、バラにムスクなどの動物性香料をブレンドした香油を体に塗って、ホルモンバランスを健やかに保ち、その美しさと植物の催淫作用を利用して、ユリウス・カエサルやマルクス・アントニウスなど歴史に名を残す男性を虜にしていたといわれています。

その後も世界中で、植物を使ったナチュラルコスメは、病を排し自然治癒力を高めるものとして神聖化され、美しさへの追及だけではなく、自然界のリズムや地球との調和を考えながら、自分を高めるものとしてつくられてきました。こうして長い歳月をかけて人々が試し、植物のもたらす効能や危険性が検証されてきたのです。

その二

真の美しさは体の中からつくられる

人間の体には、およそ2kgの常在菌が住んでいます。最も多いのが大腸と小腸ですが、皮膚にも無数の常在菌（皮膚常在菌）が住み、異物や細菌が混入しないようにひと役買っています。肌のキメが整っている人、ニキビのできやすい人など、人によって肌質に違いがあるのは、この常在菌の種類やバランスに違いがあるからです。

皮膚常在菌は、皮脂や汗をエサにして代謝した物質によって、外から有害な雑菌や異物が入ってこないように弱酸性のシールドをつくります。これが肌の抵抗力＝免疫力となります。最近のゲノム解析研究では、皮膚常在菌が天然の保湿剤であるグリセリンを生成することが分かっています。また、コラーゲンを生成する繊維芽細胞を活性化して、シワの発生をおさえ、ハリのある肌を維持する働きもあります。過酸化脂質や活性酸素を瞬時に分解し、肌を老化から守ってくれているのも皮膚常在菌です。

また、皮膚だけでなく腸内の常在菌の状態が、間接的に肌へも影響を及ぼします。腸内菌のバランスが崩れて便秘になると、腸内に毒素が発生します。毒素は腸管から血中へと吸収されて肌へと届き、いくら外側から化粧品や薬をつけてもいっこうに治らない、根深い肌荒れの原因となります。下剤を使うと便秘は一時的に解消されますが、腸の働きを助ける常在菌も一緒に流されてしまいます。すると、腸は栄養を十分に吸収できなくなり、肌はもちろんのこと全身の老化が進むことになるのです。

つまり、肌をいつまでも美しく健康的に保ちたいなら、皮膚の常在菌、腸内の常在菌を元気で良い状態にしてあげることが大切なのです。

その三

自然に根づいたスキンケア

市販の化粧品には、石油を化学合成してつくられた成分が多く含まれます。産業の歴史はまだ浅く、じつは70年も経っていないのです。化学合成された成分はお肌の常在菌にとっても決して優しくありません。合成界面活性剤や防腐剤、乳化剤などが含まれており、肌のタンパク質を溶かしてしまうのです。このような化粧品を使い続けるのは、肌にとっては下剤を使うのと同じこと。化学合成成分を含んだクレンジングや洗顔フォームによって、皮脂や汗が過剰に取り除かれるため、常在菌のエサが減って細菌バランスが崩れてしまいます。その結果、雑菌が繁殖しやすくなったり、異物が皮膚深部に混入しやすくなったりして、ニキビやアレルギーなどを引き起こす一因となるのです。

ナチュラルコスメに使われる植物原料は、常在菌にとって格好のエサとなり、菌のバランスを良い状態に保つのに役立ちます。しっとりと潤ったつやのある肌をつくる極意は、腸内の常在菌、皮膚常在菌のバランスを保つことです。外からつける化粧品だけでなく、食べる物や生活にも目を向け、肌と腸、両方の常在菌を育てていくことが大切です。私は、それを「育菌」活動と呼んでます。

その四

ナチュラルコスメの驚く効果！

化学合成成分を使用した市販の化粧品が、つけたときの「仕上がり」にこだわっているのに対し、手づくりのナチュラルコスメは、すぐに劇的な効果は見られません。しかし、植物原料でつくられているため、肌本来の機能を損なうことなく、確実に長いアンチエイジング効果をもたらします。目先のきれいさにこだわるケアではなく、長期的な美しい素肌をキープできるのがナチュラルコスメです。

たとえば、肌にうるおいを与える油分は、ナチュラルコスメの場合、酸化や変成をさせない方法で採取された植物オイルやバター、ミツロウなどの天然の成分を使います。ですから、肌の排泄機能や呼吸機能を妨げることなく、表皮に膜をつくってうるおいを保つ作用があります。また、植物に含まれる精油成分は親油性があり、分子がとても小さいため、人工的に化学合成された溶解剤や合成界面活性剤を使わなくても、無理なく皮膚の保護膜を通過し、深部の真皮層まで有効成分を届けることができます。

真皮層にはたくさんの毛細血管やリンパ管があり、皮膚の栄養補給や代謝などをつかさどっています。植物の精油成分は真皮層内で毛細血管やリンパ管へと取り込まれ、その後、血液やリンパ液を通じて各器官や組織へと運ばれます。体の各器官へ運ばれた精油成分は皮膚を若返らせたり、老廃物を除去したり、免疫機能を向上させたりと、実にさまざまな効果をもたらします。

ナチュラルコスメはスキンケアだけでなく、全身のマッサージにも取り入れることができるのもメリットです。肌トラブルはもちろん、筋肉痛やこり、むくみなど身体的なトラブルにも効果を発揮します。

また、ナチュラルコスメにふんだんに取り入れる植物たちは、肌に直接働きかける効果のほか、ホルモンバランスの調整や、植物のもつ癒しの力によって、体内環境のバランスを良い状態に導く手助けをしてくれます。植物の香りには精神的な効果もあるため、ストレスを軽減し、心と体をリラックスさせて明るく前向きな気持ちへと切り替えてくれるのです。

ナチュラルコスメで
最高の
リラクゼーションタイム!

私がナチュラルコスメの手づくりをはじめて、15年以上になります。アトピーやアレルギー体質で、自分の肌にコンプレックスがあり、片っ端からいろんな化粧品を試し、最後にたどりついたのが、ナチュラルコスメを手づくりするという生き方です。

自然の力は、太陽と大地、そして人の愛情をたっぷり浴びて育った植物たちの『癒しのエネルギー』そのものです。それらは私たちのスピリットに直接まっすぐに届き、深い感動をもたらしてくれます。その奥深い癒しの力が、自分自身を包み込み、人は最初からいつでも、すべてに愛されている存在であると、そんな地球に生まれた祝福の感覚を思い出させてくれるように感じています。

どんなに疲れているときでも、そのときの自分の状態に合わせてつくったナチュラルコスメでケアをする。そんな毎日のほんのひとときが、私は何よりも好きです。スキンケアタイムで植物の香りを思いっきり吸い込みながら深呼吸をすると……。ふと気づけば、ほろりと心がほぐれて、ゆるやかな状態に還っていたことが、数え切れないほどありました。手づくりのナチュラルコスメを使うひとときは、自分の肌とカラダ、スピリットの声に耳を傾けることのできる、極上のリラクゼーションタイム！　いつも、そんなことを感じています。

また、日本ではあまり意識されていませんが、消費活動はその企業や製品を応援していることにもつながります。『商品を買う』という行為により、地球環境全体に、果たしてどのような影響が生じるのかをよく考えて購入することが、とても大切だと感じています。そして、できるだけ「地球に優しく、人にも優しく心地の良い循環」を私たちひとりひとりが意識していくことができれば、そう遠くない未来には、きっと素晴らしい世界が待っているに違いありません。そんな地球環境を、まだ見ぬ未来の人々に残していきたいと心から祈り、願いながら、私はナチュラルコスメをつくり続けています。

CHAPTER

II

ナチュラルコスメのための素材について

キッチンにある道具だけでつくるナチュラルコスメ

ナチュラルコスメは、キッチンにあるもので、簡単につくることができるので、特別新しく何かを用意する必要はありません。毎日の食事をつくるように、身近なもので毎日のスキンケアコスメをつくることができます。

TOOL

01. **加熱できるもの（写真はIH。ガス可）**
02. **バット**
03. **ラップ**
04. **温度計**
05. **ミキサー**
06. **ビーカー**
07. **スプレー容器**
08. **ガラス容器**
09. **瓶**
10. **ボール**
11. **まぜるための棒**
12. **計量スプーン**
13. **スポイト容器**
14. **おろしがね**

＊使用する容器や道具は、煮沸消毒をするかアルコール度数の高いウォッカ（96度）などを使って、殺菌、滅菌することをおすすめします。また、一度使った容器は空気が入り、雑菌がわきやすい状態です。保存用に使ったプラスチックの容器はなるべく使いまわしせずに、捨てるか別の用途にお使いください。

Let's Prepare!
14th

ナチュラルコスメは素材にとことんこだわりましょう

ナチュラルコスメをつくるとき、最も大切なポイントとなるのが素材です。私が手づくりしているナチュラルコスメは、口に入れても安心で、環境に配慮されたオーガニックの植物や食品を使います。

MATERIAL

01. **ティンクチャー**
02. **精油**
03. **粉末素材**
04. **ハーブティー**
05. **石けん**
06. **ドライラベンダー**
07. **クレイ**
08. **バター**
09. **重曹**
10. **ハチミツ**
11. **ミツロウ**
12. **蒸留水**
13. **植物オイル**
14. **アルコール**

＊植物や食品にどのような効能があるのかを理解したうえで使用することで、肌の状況や自分の体質にも合わせて工夫でき、安心して使えます。

Let's Prepare!
14th

人にも地球にもやさしい材料選び

植物材料には必ず品質を表すグレード（基準）が示されているものを使いましょう。医療用や食用、化粧品用などの確認のほか、オーガニックやワイルド（野生）グレードといった表示がある植物を使うとエネルギーの高いコスメをつくることができます。食用グレードの材料を使う場合は、添加物や刺激物が含まれていないものを使用してください。工業用グレードは有害物質が多く含まれているためコスメづくりには使用できません。表示のない材料を使用する場合は、必ず店頭などで確認するようにしましょう。

01 ◎ハチミツ

殺菌・保温

ハチミツは保湿力に優れ、肌にうるおいを与えて乾燥や肌荒れを防ぐ効能があり、幅広い用途に使えます。浸透力が高いため、肌に塗るとみるみる内部に浸透して、うるおいを保つ効果を発揮します。また、アミノ酸、ビタミンC、ナイアシン、ビタミンB群などの水溶性ビタミン、カリウム、ナトリウム、カルシウム、マグネシウム、鉄分などが豊富に含まれ、肌を健やかに保つサポートをしてくれます。天然の抗生物質といわれるほど抗菌効果も高く、ニキビや湿疹、日焼けの後の肌のスキンケアにおすすめです。毛穴の汚れを取り除く作用もあるので、パックなどの材料としても適しています。

《選び方》100%純正の有機ハチミツで、抗生物質などを投与されていないミツバチの蜜を使いましょう。また、製品になる過程で加熱されたり過度に濾したりしていない、自然そのままのハチミツを選びます。ハチミツのなかでもニュージーランドでしか自生していないマヌカの花由来のマヌカハニーはニュージーランドに国の認定機関があり、医療機関でも使用されるなど、特に優れた効果を発揮します。

《注意点》まれにアレルギー症状を起こす方もいますので、パッチテスト（パッチテストとは自分の肌に合うかを試す方法です。57ページ参照）は入念に行いましょう。また、1歳未満の子どもには飲用は避けた方が良いですが、塗布する分には問題ありませんのでお使いください。

撥水・抗菌

◎ミツロウ（蜜蝋）

02

英語ではBeewaxといい、ミツバチが巣をつくるために分泌する天然のワックスです。ワックスのなかで唯一「食べられるワックス」といわれ、クリーム色で未精製のものであれば口に入れても安心です。ハチミツ同様、自然界の抗生物質といわれるほど高い抗菌効果があります。保湿性や防水性にも優れ、自然治癒効果が高く、医薬品でも切り傷ややけど、腫れ物に使われています。アトピーケアとしてもミツロウ入りのクリームを使うことで、症状が軽くなったり、かゆみを軽減したりする効果が期待できます。ミツロウを使ったコスメは冷たい水では落ちにくいのですが、分子が大きいため毛穴に入り込むこともなく、ぬるま湯でのクレンジングや洗顔で優しく洗い流すことができます。

《選び方》未精製のオーガニック認定を得たものを使います。

《注意点》まれにアレルギー症状を起こす方もいますので、パッチテストは入念に行いましょう。

◎植物オイル

03

油分補填

植物オイルは、「ベジタブルオイル」「キャリアオイル」「ベースオイル」などとも呼ばれ、ホホバオイルやシアバターなど、植物の実や種から抽出された油です。皮脂に近い成分が多く含まれていることが特徴で、それらの成分が角質に浸透し、皮脂に足りない成分を補填するなど、効果的に肌の働きをサポートしてくれます。また、皮膚にいる常在菌の格好のエサとなって菌のバランスを保つのに役立ちます。

植物オイルは外からつけるだけでなく、新鮮なオイルを飲むことでも大きな力を発揮します。内服すると、不飽和脂肪酸が粘膜と胃腸管を通じて血液循環に入り、さらに毛細血管を通って皮膚に到達します。そして細胞膜のなかに取り込まれ、微量成分が細胞膜を保護して皮膚の状態を改善します。ドレッシングや調理の際にも、合成されたオイルではなく、エクストラバージンオリーブオイルや太白胡麻油など、新鮮で良質な植物オイルを摂取することが、美しい皮膚をつくるうえでとても大切です。

《選び方》できるだけ残留農薬の危険性のないオーガニックやワイルド（野生）の植物を原料とし、低温でしぼられたもの（低温圧搾法）を選びましょう。溶剤で抽出したり（溶剤抽出法）、高温で搾った植物オイルもありますが、これらは精製の際に使用される化学物質の溶剤が残留している可能性があります。また、高温で過度に圧力をかけることで、本来は害のないはずの天然の脂肪酸が、健康を害するトランス脂肪酸に変化したり、精製する過程で、せっかくの貴重な成分がほとんど除去されている場合もあります。低温圧搾法で抽出したオイルにも、精製して色や匂いを取ったオイルもあるので、できるだけ「未精製」のものを選ぶようにしましょう。

《注意点》酸化したオイルの使用は、肌トラブルを起こす原因になりますので絶対に控えてください。最初はしなかった油臭さを感じたら要注意です。とくに酸化の進みやすいオイル（不飽和脂肪酸の多いオイル）は、高温多湿の環境下に置くと、通常よりオイルの酸化が促進されるため、冷蔵庫で保管するようにしましょう。また、植物から搾ったときの年月日を確認し、開封後はできるかぎり、早めに使い切るようにしましょう。また、体質によって、特定の植物オイルが肌に合わない場合もあるので、使用前には必ずパッチテストを行いましょう。

万能オイル

【ホホバオイル】

ホホバの実を生のまま低温で絞ったオイルです。ホホバの樹齢は非常に長く、その生命力の強さで知られています。未精製のものは、精製したものよりも保湿力が高く、黄金色のオイルのなかには未知数の美容効果があるといわれます。昔から北米やメキシコの先住民たちが、伝統的に砂漠の熱い日差しや乾燥、砂嵐から、肌を守ったり、傷んだ皮膚や髪の手入れをしたりするために使われてきました。「先住民にはハゲがいない」という迷信（？）もあります。

人の皮脂にはWAXエステル（ロウ成分）という成分が含まれており、皮膚を守るバリア機能と同時に、体内から水分の損失を防ぐ保湿機能に非常に優れています。このWAXエステルが失われていくと、肌の乾燥や荒れが進んでしまいます。ホホバオイルは、WAXエステルが全体の50％を占めているのが、ほかの植物オイルと大きく異なる点です。そのため非常に酸化・変質しにくく、純粋なホホバオイルは「腐らないオイル」といわれます。また、その分子構造は人間の細胞と非常によく似ているため、肌に塗ってもなじみやすいのも特徴です。

なお、ホホバオイルの凝固点は7℃前後なので低温で固まり、11～12℃で再び液体に戻る特徴がありますが、固形と液体を繰り返しても品質には特に問題ありません。また、沸点が398℃と高く、熱を加えても変成しにくいため、湯煎でミツロウを溶かしたりする場合にも最適です。

ホホバオイルは多くの効能があり、ビタミンB、E、ミネラル、アミノ酸が含まれているほか、殺菌力も強く、皮膚や頭皮を保護する機能も果たしてくれます。ホホバオイルの浸透性は、コスメをつくる際に使用するエッシェンシャルオイルの浸透も助け、皮膚呼吸を促進し、新陳代謝を助けます。また、角質の硬化を防ぎ、肌を柔らかくきめ細やかに保ちます。アレルギー肌や敏感肌にも適用でき、使い心地も良いので毎日使う基礎化粧品（乳液・保湿ジェル・メイクアップリムーバー・ヘアワックスなど）の代わりにも使えます。

若返り効果

【シアバター】

南国ガーナを主な産地とする、シアの木の実からとったバターです。優れた保湿力と保護作用があり、赤道直下の国の女性たちの肌を、乾燥や強い日差しから守ってきた天然の保湿クリームです。リップクリームや日焼け止め、化粧下地、石けんやハンドクリーム、ヘアトリートメント剤など幅広く使えるうえ、アトピー性皮膚炎などの皮膚炎、やけど、かゆみ止めにも効果的です。若返りの効果も期待でき、顔に塗るとシワを減らすとされ、クレオパトラも化粧下地に使っていたといわれます。

選ぶときは、精製せずに低温で絞っただけの有機栽培のシアバターを使います。薬品で精製されたシアバターより有効成分が3～5倍入っているといわれるからです。精製する際に使われる溶剤が残留する心配もないので安心です。

一度溶けたシアバターが再び冷えて固まった場合、油脂に含まれるそれぞれの成分の融点が違うために、結晶ができて表面が白くなることがあります。これはブルーミング現象とよばれるもので、カカオバターなどでも起こります。見た目は悪くなりますが、品質上の問題はありません。また、溶けて再び固まったオイルは粒子の構造が変わり、粒状になる場合があります。つくりたてのなめらかさではなくなりますが、肌の上でしっかりと溶けますので安心してお使いください。

抗酸化

【クランベリーシードオイル】

和名をツルコケモモという直径約10～20㎜の赤い果実で、実のなかにある種を絞ったものがオイルになります。種ひと粒はゴマよりも小さく、1kgのオイルをつくるには約2000tの実が必要になります。ビタミンEの一種である高濃度の「トコトリエノール」や、人体では生成できないオメガ-3、オメガ-6の脂肪酸をバランス良く含み、強力な抗酸化力を発揮して、紫外線から効率的に皮膚を保護（UV保護）してアンチエイジングに高い効果をもたらします。そのほか乾燥肌や老化肌、たるんだ肌の改善や美白効果、やけどや日焼けした肌を癒す効果もあります。また、強い殺菌作用のある「キナ酸」が豊富に含まれ、肌に付着した細菌の増殖を抑える働きをします。老廃物の排出をスムーズにする働きもあり、クランベリーをジュースとして飲むと肝臓で代謝されると馬尿酸という酸性の物質になって尿を酸性に保ち、感染菌の増殖を抑制します。

【アルガンオイル】

アンチエイジング

アルガンツリーの実から採取されたオイルで、モロッコでは「若返りのオイル」と呼ばれています。スキンケアクリーム、石けん、シャンプー、食用油などに製品化され、コスメ市場でも数多く出回っています。肌細胞を活性化するビタミンEがオリーブオイルの4～5倍も含まれており、活性酸素を除去する抗酸化物質を多く含有し、アンチエイジングにも適しています。年齢とともに失われる必須脂肪酸を補い、肌の深くまで浸透して細胞を再生させる効果も肌をやわらげ、乾燥を防ぎ、細胞の代謝を活性化するので、シミ、シワ、そばかす、肌の老化防止、セルライトや妊娠線の予防、ヘアケア、リウマチなどにも効果が期待できます。

コラム❶

ミネラルオイルの危険性

Caution!

　オイルを選ぶときに注意したいのがミネラルオイルです。「鉱物油」「流動パラフィン」「エステル」「ベンジルアルコール」「ワセリン」などとも呼ばれています。ケミカルコスメのなかには、ミネラルオイルの含有量が非常に高いものも多く、全成分表示の一番上が「ミネラルオイル」と記されている場合もあります。

　ミネラルオイルは石油からつくられる誘導体で、分解されにくく代謝されにくい性質をもっています。皮膚に塗ると強い膜を形成して保護機能を与えます。また、石油は本来植物が化石化したものですが、すでに植物のように生きてはいないため、腐ったり酸化したりすることもなく、品質保持期間が限りなく長いことが特徴です。本来の石油は黒くドロドロとしていて、成分が混雑し不純物の多い状態ですが、薬品や化粧品の原料に使われる段階で精製や脱臭をされているため匂いもありません。ミネラルオイルは石油から安価に大量につくることができ、長期保存が可能なため、製造側や販売側にはメリットの大きい商品です。

　しかし、購入した消費者が肌に塗布した場合のデメリットは大きく、植物オイルのように肌に浸透せず、皮膚の上に膜をつくったままとなるため、臓器としての排泄機能を妨げる可能性があります。長期的に使用すると新陳代謝が落ち、乾燥による肌トラブルを起こします。乾燥を防ぐために、保護効果のある合成成分でケアし続けなければならなくなります。

　1970年代には、メイクアップ製品に含まれる合成着色料（発がん性物質の赤色219など）とミネラルオイルに含まれる残留物によって油焼けを起こし、色素沈着が発生するリール黒皮症（女子顔面黒皮症）が社会問題となったことがあります。大手化粧品会社を相手に訴訟が起こり、原告側が勝訴したことから、その後は精製技術が改善され、純度の高いミネラルオイルがつくられるようになると、残留物によるアレルギーの危険性は低くなりました。しかし、ミネラルオイルが新陳代謝を妨げることには変わりありません。
例外的に、けがなどの外傷治療で薬を塗布して菌の発生を抑え、一時的に皮膚の代わりに膜をつくる必要のあるときには、ワセリンが効果的です。ワセリンが長期的に薬を皮膚の上にとどめてくれるからです。しかし、果たして毎日使う化粧品にまでミネラルオイルを使う必要があるでしょうか。毎日使う化粧品には、臓器としての排泄機能を妨げることなく、皮脂に足りない成分を優しくサポートし、常在菌を良い状態に保つ、良質な植物オイルを使うことをおすすめします。

美白

◎クレイ 04

クレイとは、主成分が珪酸アルミニウムの粉末粘土のことで、主にパック剤として使われます。産地や成分によってさまざまな種類があり、効能もそれぞれ異なりますが、主な働きは、毛穴に詰まった余分な脂分や老廃物を除去する・ミネラル成分を肌の細胞や組織に浸透させ新陳代謝を促す・肌を本来の弱アルカリ性に導く・肌に適切な緊張と弾力性をキープする、殺菌する・美白するなどが挙げられます。

クレイを傷口に塗布すると、細胞膜内のプラスイオンを引き寄せ、水分を吸収して細胞液の入れ替わりを促進するため、いち早く新鮮な白血球が到達し、傷の治りを早めてくれます。ミネラル分が皮膚の生成を助ける作用もあるため、スキンケアにも優れた効果を発揮します。クレイを浴槽にカップ1杯入れたクレイバスは、疲れが取れるうえ、角質も自然にはがれるためおすすめです。

クレイは世界各国の先住民に愛用されてきました。オーストラリアの先住民アボリジニは外傷の治療に使用するほか、ボディペイントとして利用し、聖なる儀式に欠かせないものでした。ネイティブ・アメリカンも薬として利用し、梅毒の治療にクレイを食べたといわれています。エジプトではミイラの防腐剤に、モロッコでは伝統的にガスールと呼ばれるクレイが洗浄剤として使用され、現代もオーガニックコスメとして販売されています。クレイには、解毒作用が強く、重金属や老廃物、毒素などを吸着して体外に排出する働きがあります。皮脂や汚れ、匂い分子なども吸着するため、肌の浄化にも役立ちます。また、自然治癒力を向上させ、炎症や痛みを抑える鎮静作用や抗菌作用にも優れています。

殺菌・洗浄効果

《選び方》安価に販売されているクレイもありますが、なかには高温で焼いてミネラル分が消失したものや、陶芸用のクレイの場合もあります。必ず化粧品グレードのものかどうか確認してください。ナチュラルコスメの会社が販売しているものや、手づくりコスメの材料屋さんで購入すると安心です。

《注意点》クレイを肌に塗布する際は、1～2㎝分厚く乗せ、クレイが乾く前に洗い流しましょう。乾きだすと、せっかく吸着した老廃物が肌に戻ってしまいます。

【ホワイトクレイ】

鉱物学上の分類はカオリナイトといわれるクレイです。クレンジングや美白、ヒーリングに用いられるほか、そのままボディパウダーやあせも予防としても使用することができます。クレイのなかでも最も作用がマイルドで敏感肌にもおすすめです。

マイルドな作用

【グリーンクレイ】

シリカ（珪土）が主成分ですが、カルシウム・カリウム・鉄・マグネシウムなど、体に必要とされるミネラルが非常に多く含まれています。グリーンクレイは作用が強めなので、肌の弱い方はホワイトクレイからはじめると良いでしょう。殺菌力・洗浄力・美白力があり、普通肌・ニキビ・脂性肌に向いています。

保水作用

【モンモリロナイト】

フランスのモンモリロン地区から採掘されることでモンモリロナイトと呼ばれています。水分を含むと膨張する特徴があり、皮膚治療に効果的です。ニキビ肌、脂性肌、美白用として使用できます。汚れや毒素の吸着力が強いクレイです。

05

保水・肌荒れ

◎精製水

精製水とは、蒸留や濾過やイオン交換などの手法で濃度を上げた、比較的純粋な水のことです。精製水は、ただ単に水道水を沸騰させたのではなく、含まれる塩素やミネラルなどの不純物を一切取り除いたものです。飲用して問題はありません。また、精製水は医療でも使われる溶解剤ですから、肌への浸透力が通常の水よりも格段に良く、不純物が含まれていないという点では、敏感肌の人にも肌荒れの心配がなく安心して使うことができます。

《選び方》薬局などで購入しましょう。

《注意点》精製水は水道水のように消毒の役割をする塩素などが含まれていないため、空気中の雑菌が繁殖しやすいので開封したらできるだけ早めに使いきる必要があります。できれば冷蔵庫に保管するようにしましょう。

06

鎮静効果

◎ラベンダー芳香蒸留水

採取したばかりの生のラベンダーを釜に入れ、熱を加えたときに立ち込める蒸気を冷やして生じる、香りのある蒸留水です。さまざまな植物の芳香蒸留水がありますが、なかでもラベンダーには幅広い効能があり、作用が穏やかで年齢や肌質を問わず、オールマイティに使えるのが利点です。ラベンダーの芳香蒸留水をそのままローションとして用いても、優しく穏やかに、そして確実に美容効果を得ることができます。リラクゼーションや鎮静効果が高く、かゆみや赤みの出やすい敏感に傾いた肌にも使うことができ、睡眠不足やストレスを感じるとトラブルの出やすい肌の鎮静や、日焼け後の肌を潤すのも効果的です。また殺菌作用も高く、感染症の予防、肌荒れや吹き出物にもおすすめです。穏やかに血行を促進する作用もあるため、くまや乾燥に悩まされる肌にも優れた働きをします。

《選び方》有機栽培された未精製のラベンダーの芳香蒸留水を使います。化粧品メーカーのものを購入するときは、アルコールや合成保存料を加えられているものもあるので、成分を見て有無を確認し、無添加のものを選びます。手づくりコスメの材料屋さんでの購入がおすすめです。可能であれば製造年月日を確認し、なるべく新鮮なものを選びましょう。

《注意点》天然の芳香蒸留水は保存料を一切含んでいないため、まれにカビなどが発生することがあります。必ず冷蔵庫で保管し、開栓後はなるべく早めに使いきるように。また、最初から天然の浮遊物が微量に混入していることもありますが、これは植物素材が生きているためであり、大きな問題はありません。購入後の保存状態によっては未開封でも沈殿物が増えたり、腐敗臭がしたりする場合もあります。その際は使用を中止してください。

脱臭効果

07 ◎重曹

炭酸水素ナトリウムを含んだ重炭酸曹達（ソーダ）のこと。略して重曹と呼ばれ、昔から「ふくらし粉」として使われてきました。自然界にある重炭酸ソーダ石が原料になっているため、人体にも無害で、環境にもやさしい弱アルカリ性の安全な物質です。現在では、点滴や胃薬などの医薬品をはじめ、入浴剤や歯磨き粉、また食品にも食品添加物として使用されています。

《選び方》必ず「食用」の重曹を使用します。肌に直接つけるものですので「掃除用」の重曹はできるだけ避けてください。

《注意点》タンパク質を優しく分解し、匂いの元も取り除きますが、アルカリ性のため使いすぎると肌荒れの危険性もあります。

殺菌作用

08 ◎アルコール

アルコールは、主に化粧水など水を多く含んだコスメの劣化を防ぐ、防腐剤としての役割があります。また、アルコールにハーブを漬け込んで有効成分を抽出する「ティンクチャー（チンキ）」をつくるときに使用します。一般的に手づくりコスメのアルコールといえば、薬局などで安価に売られている、石油から合成された消毒用エタノール（エチルエタノール）が使われます。今までアルコールが肌に合わないと思っていた方は、このエチルエタノールが原因の可能性もありますので、ぜひ飲用のアルコールで試してみてください。おすすめはアルコール度数が高く、匂いにもクセがなく使いやすい蒸留酒のウォッカまたは焼酎です。天然の殺菌作用があり、1年ほどの長期保存も可能です。また、アルコール度数は低くなりますが、日本酒もおすすめ。保湿作用のある糖類や、美肌効果のある酵素やコウジ酸、アミノ酸などを豊富に含む純米酒を利用することで、栄養成分がティンクチャーにプラスされるのがメリットです。ただし、ティンクチャーのまま保存する場合は3ヶ月程度と短くなります。

《選び方》アルコール度数が高いウォッカまたは焼酎、有効成分が豊富な日本酒など飲用することができるもの。

《注意点》ウォッカと焼酎はアルコール度数が25度以上と高いので、肌に使用する場合は、必ず水で薄めてください。日本酒はアルコール度数14〜19度と低めなので、そのままローションとして使用することができます。ただし、アルコールに敏感な人は原液での使用を避けましょう。

さまざまな薬効

09 ◎精油

精油とは、植物の葉や茎、根、樹皮、花びらや果皮に含まれる芳香性の物質で、植物の種類によってさまざまな薬効があります。精油を製造するには3つの方法があり、もっとも多いのが水蒸気蒸留法です。原料となる植物を蒸留することによって、精油と芳香蒸留水（ラベンダー芳香蒸留水35ページ参照）を得ることができます。一般的に精油は水よりも軽いため、蒸留水の上に浮いたものが分離します。2つ目は圧搾法で、主に柑橘系の精油を得るために用いられ、柑橘類の果皮を圧搾して果皮中の精油を取り出します。3つ目の溶剤抽出法は、ヘキサンなどの有機溶剤を使う方法で精油はアブソリュートと呼ばれます。一般的に溶剤の残留はないとされますが、日光に反応してシミをつくる光毒性がある可能性もあるので、ナチュラルコスメをつくるときやアロマテラピーのトリートメントでは、できるだけ避けるようにします。

《選び方》 有機栽培のものや、野生種の植物を原料に、水蒸気蒸留法または圧搾法で抽出されたものを選びましょう。残留農薬が蒸留時にどのような化学変化をするかわからないため、農薬を使用してつくられた植物の精油は肌への使用をできるだけ避けましょう。また、精油は生きているため紫外線によって品質が劣化します。必ず茶褐色や青色などの遮光を施された瓶に入っているものを選んでください。

《注意点》 海外では医薬品と同様の扱いである国もありますが、日本では雑貨扱いで販売されています。必ず購入時に100%天然であることを確認してください。なかには合成香料やアルコールなどの溶剤で希釈された精油もありますので注意しましょう。成分分析表のついている精油もあるので、ブランドに確認して購入するのもおすすめです。

《精油を使うときの注意点》

・原液を直接肌につけない

コスメに使う場合は必ず希釈して使いましょう。精油1滴に対してオイルや精製水などを5ml加え、0.5～3%の濃度で使用するのが基本です。また、あらかじめパッチテストも行いましょう。

・妊産婦に対する注意

ペパーミント、ジュニパー、ジャーマンカモミールなどの月経促進作用のある精油は、妊娠中は控えたほうが無難です。また、香りを不快に感じた精油は使わないようにしましょう。

※妊娠初期（4ヶ月まで）に控える精油

ローマンカモミール、サイプレス、ジンジャー、クラリセージ、サンダルウッド、ゼラニウム、パチュリー、ブラックペッパー、ベチバー、ミルラ、マジョラム、ラベンサラ、真正ラベンダー

※妊娠中は避けた方が良い精油

シダーウッド、パルマローザ、フェンネル、ローズマリー、クローブ、セージ

・特定の疾患に注意

精油のなかには、病状を悪化させることのあるものがあります。ローズマリーはてんかん症や発熱、高血圧の方には注意が必要です。てんかん症の場合はペパーミントにも注意しましょう。また、レモングラスは敏感肌には刺激が強い場合もあります。フェンネルは肝臓疾患、ジュニパー、ブラックペッパーは腎臓疾患

のある方は多用を避けてください。

・冷暗所に保管する

精油はアルコール成分を含み、揮発性があり、高温多湿を嫌います。また、直射日光にあたると劣化が早くなります。使用後は保存用の容器に入れ、冷暗所で保管しましょう。

・乳幼児に対する注意

乳幼児は大人よりも敏感なので、精油の影響を受けやすいといわれます。基本的には芳香浴以外はおすすめできません。芳香浴をする場合も、大人の使用量の半分以下など少なめにして、使うと良いでしょう。

・柑橘系の精油に対する注意

圧搾法でつくられたベルガモットやレモン、グレープフルーツ、ライムなどの柑橘系の精油（オレンジスイート、マンダリンをのぞく）には、光毒性があります。シミの原因となる成分（フロクマリン類）が含まれ、日光に反応して肌に刺激を与えるからです。これらの精油を使う場合、塗布後は6～12時間以内に強い日差しを浴びないようにしましょう。開封後は酸化が早いので半年程度で使い切るように。また、水蒸気蒸留法でつくられた柑橘系の精油も近年増えてきました。こちらには光毒性がないので、日中も安心して使うことができます。

・精油の内服はできません

精油の内服は控えましょう。フランスやベルギーなどでは薬剤師や医師の指示のもと、精油が内服されることがありますが、製剤を工夫し、用量などの研究がなされたうえで行われています。日本では認められていないうえ、セルフケアの範疇では安全性が保証できないため必ず避けてください。

すこやかな肌をつくるには、コスメのベースとなる素材選びが大切です。

コラム❷

アルコールを使って ティンクチャーをつくる

ティンクチャーとは、お湯では抽出することのできない成分を取り出すために、度数の高いアルコールを使い、薬効のあるハーブを浸してつくる浸剤のことです。ハーブの成分を余すところなく抽出することができ、海外では、古代から薬として処方されるほどに薬効の高いエキスです。中世ヨーロッパでは、病を治す薬として修道院が醸造し販売をしていた歴史があります。チンキ、リキュール、エリクサーなどとも呼ばれています。

〔**つくり方**〕

1. 煮沸消毒した瓶に、3分の1程度の量のハーブを入れます。ハーブは乾燥してカラカラになったものを使います。アルコールを瓶の肩口まで注ぎます。
2. 1日2回、上下に静かに振り混ぜ、3週間ほど冷暗所で寝かせます。
3. ガーゼや茶漉しで漉してハーブを取り出せば、ティンクチャーの完成。冷暗所で1年ほど保存できます。

オススメ

ティンクチャーとして抽出使用の植物
ゆず種、ローズ、ローズマリー、ジャーマンカモミール、ラベンダー、スギナなど。

1年保存可能!

自分の
肌を知り
肌質に合わせて
選びましょう

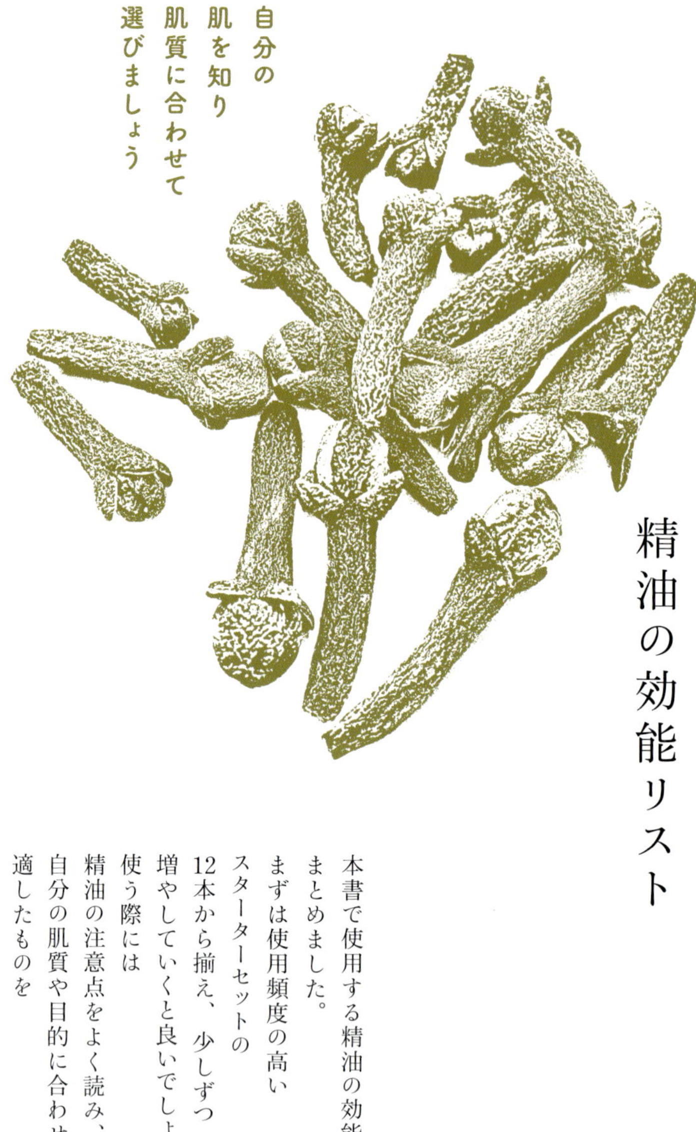

精油の効能リスト

本書で使用する精油の効能をまとめました。
まずは使用頻度の高いスターターセットの12本から揃え、少しずつ増やしていくと良いでしょう。
使う際には精油の注意点をよく読み、自分の肌質や目的に合わせて、適したものを選んで配合してください。

【最初に揃えたいスターターセット】

Basic Oil

◎イランイラン　01

学名　Cananga odorata
抽出部位　花
抽出方法　水蒸気蒸留法
効能　リラックス・細胞活性・催淫

マレー語で「花の中の花」を意味し、甘く濃厚な色っぽい香りが特徴的。気分をリラックスさせ、幸福感をもたらす効果があり、インドネシアでは結婚式など幸せな場面でこの花が多く使われる。不安やストレス、緊張感があるときにはとくにおすすめ。乾燥肌、脂性肌の両方に効果をもたらすほか、細胞活性作用があり育毛促進にも。さらに痛んだ髪のケアにも向いている。また、ホルモンバランスを整える作用があり、生殖器系に効果が期待できる。また「神から祝福された木」とも呼ばれ、性的な魅力を高める。

◎オレンジスイート　02

学名　Citrus sinensis
抽出部位　果皮
抽出方法　圧搾法
効能　快活・健胃・収れん

オレンジの果皮から採取される精油は、果実をそのまましぼった甘酸っぱい香りで、数ある精油のなかでもとくに人気が高い。ニキビなどの肌トラブルや育毛に効果がある。柑橘類の皮は、漢方では陳皮といい、胃腸の調子を整える作用があるので、下痢や便秘、食欲不振、膨満感などに良い。また、気分を明るく前向きにする効果があるので、不安や緊張、ストレス、うつ状態などにもおすすめ。

*柑橘系のオレンジにはスイート種とビター種があるが、ビター種は光毒性があるため、圧搾法の場合はスイート種の精油を使うこと。

◎ジャーマンカモミール　03

学名　Matricaria recutita
抽出部位　花
抽出方法　水蒸気蒸留法
効能　抗炎症・鎮静・リラックス

最も古くから利用されてきたハーブのひとつ。学名にある「Matricaria」は「子宮」を意味し、古くから女性特有の症状で特性を発揮するハーブとされる。豊富に含まれるカマズレン（アズレン）は抗炎症作用に優れ、皮膚の炎症、やけど、湿疹、ニキビ、敏感肌、アトピーなどの肌のトラブル全般に役立つ。また、鎮静作用があるので不安や緊張、怒りなどをやわらげ、心を穏やかにする効果があり、不眠をはじめ、ストレスによる神経の緊張が原因となって起こる肩こりや腰痛や、胃炎、消化不良、便秘の改善にも効果的。

好きな香りを選んでから意味をみてみましょう

女性の生殖機能のバランスを調整する働きがあり、月経不順や月経痛や月経前症候群など女性特有のさまざまな症状に役立つ。

＊妊娠中の使用は控えた方が良い。

04 ◎ゼラニウム

学名　*Pelargonium graveolens*
抽出部位　花、葉
抽出方法　水蒸気蒸留法
効能　保湿・排出・ホルモンバランス

ローズに似た香りで別名「ローズゼラニウム」という。皮脂バランスを調整する作用があり乾燥肌と脂性肌のどちらにも使える。肌にうるおいを与え、シミやシワの予防、血行促進、幅広いスキンケアに使用できる。ホルモン分泌を調整する作用により、女性特有の症状を緩和する効果も期待できる。体内の余分な水分や老廃物を排出する利尿作用もあり、むくみや肥満の解消にも効果的。自律神経のバランスを調整する効果により、ストレス性の不調や情緒不安定、更年期障害などにもおすすめ。

＊妊娠初期は控えた方が良い。

05 ◎ティートリー

学名　*Melaleuca alternifolia*
抽出部位　葉
抽出方法　水蒸気蒸留法
効能　抗菌・抗真菌・炎症

オーストラリアの先住民であるアボリジニが、この木の葉をお茶にして飲んでいたことから、Tea Treeと名づけられた。切り倒しても約2年後には再び栽培できるほど成長が早く、生命力の強い木。優れた抗菌、抗真菌作用、抗ウイルス作用、抗炎症作用があるため、アボリジニは傷や感染症を治す万能薬として利用してきたとされる。ニキビや傷、水虫の改善、ハチやノミなどの虫刺されのほか、呼吸器系の不調や、風邪やインフルエンザなどの感染症、花粉症に効果がある。また、リフレッシュ効果や免疫賦活作用もある。

06 ◎パルマローザ

学名　*Cymbopogon martinii*
抽出部位　葉
抽出方法　水蒸気蒸留法
効能　細胞活性・抗炎症・鎮痛

シトロネラ、レモングラスの近縁種で、ローズに似た高貴な香りがする。皮膚細胞を活性化し、肌のハリやうるおいなどを回復して若返らせる効果がある。脂性肌や乾燥肌など、どんな肌質でも利用できるのもメリット。頭皮のフケやかゆみなどにも効果がある。感情のバランスを調整し、免疫力を回復する作用があり、病後の回復時や疲れがたまっているときなどにおすすめ。抗炎症、鎮痛作用により、膀胱炎、尿道炎、膣炎などの症状にも用いられる。子宮を収縮する作用があるので妊娠中は控えたほうが良い。

07 ◎フランキンセンス

学名 Boswellia carteri
Boswellia thurifera
抽出部位 樹脂
抽出方法 水蒸気蒸留法
効能 細胞活性・浄化・鎮静・癒傷

幹に傷をつけると乳白色の樹液が染み出すことから「乳香」とも呼ばれる。かすかにレモンのような澄んださわやかな香りがし、世界で最も歴史のある薫香のひとつ。収れん作用や細胞促進作用により、肌を潤し、シワやたるみを改善する効果が期待できる。また、傷ついた肌を回復する効果があり、乾燥肌や老化肌、あかぎれなどにも有効。肺や鼻、のどの粘膜を鎮静する作用もあり、気管支炎や喘息にも効果がある。心身に対しては心と呼吸を落ち着かせ、不安や緊張、恐怖、パニック症状の緩和にも有効。

08 ◎ペパーミント

学名 Mentha piperita
抽出部位 花と葉
抽出方法 水水蒸気蒸留法
効能 抗菌・収れん・浄化

すっきりとしたメントール（ハッカ）の香りで、ガムや歯磨き粉など、さまざまな香りづけに使用されている。古代ローマでは、酔い覚ましに効果があるとされ、宴会のときにペパーミントで編んだ冠をかぶっていたといわれる。現在でも二日酔いや乗り物酔いなどの吐き気に有効とされるほか、香りの刺激により頭をすっきりとリフレッシュしたり、集中力をアップしたり、また花粉症や鼻づまりなど、呼吸器系の症状にも効果を発揮する。軽い麻酔作用と冷却作用があり、肌のかゆみを鎮め、日焼けや虫刺されにも効果的。

09 ◎真正ラベンダー

学名 Lavandula angustifolia
抽出部位 花と葉
抽出方法 水蒸気蒸留法
効能 抗菌・鎮静・浄化

アロマテラピーでも最も使用頻度の高い精油。フローラルな香りと用途の幅広さ、子どもにも安心して使用できる穏やかさが人気の秘密。消炎、抗菌作用に加え、細胞の成長を促進し、皮脂の分泌バラン

心地の良い香りは、今のあなたに必要な植物です

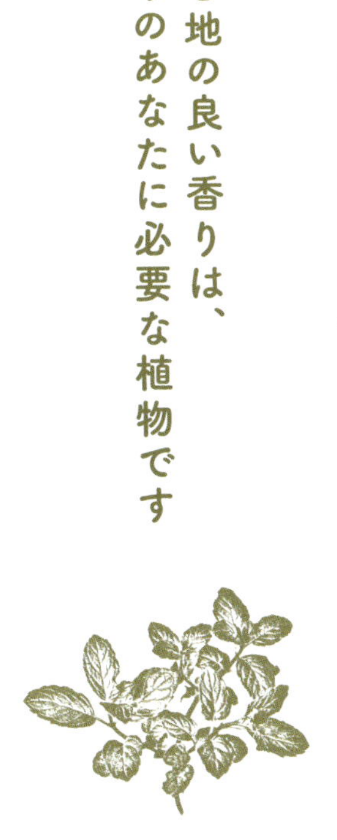

スを調整する働きがある。やけどや日焼け、水虫の改善、スキンケア、ヘアケアにも役立つ。頭痛や肩こり、便秘、高血圧、筋肉痛などを改善するほか、生体リズムのバランスを調整し、精神をリフレッシュさせるなど全身に効果をもたらす。

＊ラベンダーの精油には、真正ラベンダー以外にスパイクラベンダー、ラバンジン、フレンチラベンダーなどがあり、効果や香りが違うため、購入するときは学名を確認すること。

10 ◎ユーカリ

学名 Eucalyptus globulus
抽出部位 枝葉
抽出方法 水蒸気蒸留法
効能 抗菌・鎮静・リラックス

オーストラリア先住民のアボリジニに重用されてきた植物。清潔感があり染み透るようなすっきりした香り。優れた抗菌作用があり、ニキビ肌の改善や、インフルエンザなど風邪をひきやすい時期の芳香浴が効果的。意識をはっきりさせて集中力を高める作用があり、精神的な疲れにも有効。高ぶった感情を抑えて冷静さを取り戻したいときにも役立つ。デオドラント（消臭）効果にも優れる。

11 ◎レモン

学名 Citrus limonum
抽出部位 果皮
抽出方法 圧搾法
効能 抗菌・収れん・強壮・健胃

温暖な地域で広く栽培される果実で、フレッシュではじけるような爽やかな香り。気分を明るくリフレッシュして意識を冴えわたらせ、積極性を高める作用があるので、集中力や記憶力、行動力を発揮したい場面で効果的。収れん作用や血行促進作用や強壮作用もあるため、スキンケアにも多く使われ、とくにシワの予防や脂性肌の改善におすすめ。健胃作用があり、食欲のないときにも。抗菌特性やデオドラント効果もあることから、部屋の空気を浄化し、爽やかに保ちたい場合にも用いられる。光毒性があるため日中の顔への使用はさけたほうがよい。

12 ◎ローズマリー

学名 Rosmarinus officinalis
抽出部位 枝葉
抽出方法 水蒸気蒸留法
効能 細胞活性・代謝促進・育毛

学名のRosmarinusはラテン語で「海のしずく」を意味し、海のようにきれいな青色の花を咲かせることから、この名がつけられた。スーっとした清潔感のあるフレッシュな香りが特徴。皮膚を健やかに保ち、皮膚組織を再生する作用、代謝を促進する作用があり、肌のハリの回復、シワの予防、ニキビやあかぎれの緩和などにおすすめ。脂性肌を改善し、皮脂バランスを整えるため、顔だけではなくフケや脱毛予防など頭皮のケアにも最適。そのほか精神安定作用やうつ滞除去作用などがある。

＊妊娠中の使用は避けた方が良い。

【その他の精油】

Another Oil

◎ローマンカモミール 01

学名 Anthemis nobilis
抽出部位 花
抽出方法 水蒸気蒸留法
効能 鎮静・鎮痛・リラックス

ギリシャ語で「地面のリンゴ」を意味する言葉から名づけられたように、青リンゴに似たフルーティーな香りがある。最も古くから利用されてきたハーブのひとつ。不安や緊張、怒り、恐怖などの感情をほぐし、心を深く落ち着かせる効果がある。鎮痛作用に優れ、生理痛やPMS（月経前症候群）、肩こりや頭痛の緩和に効果的。精油のなかでも作用が穏やかなので、子どもにも安心して使用でき、ナチュラルコスメのシャンプーやボディケア製品に多く含まれる。リキュールの香りづけや香水の原料としても人気がある。

＊妊娠中期以降は使用可能。

◎クラリセージ 02

学名 Salvia sclarea
抽出部位 花
抽出方法 水蒸気蒸留法
効能 リラックス・催淫

ほのかに甘みと温かみを含んだスパイシーな香り。クラリセージのクラリの語源となった「クラウス」は、ラテン語で「明るい」「澄んだ」を意味し、心を穏やかにする働きがある。プレッシャーで緊張しているときや、心配ごとで頭がいっぱいになっているときなどに使うと、精神的なストレスから開放され、深い安らぎを与えてくれる。また、気分が落ち込み思考が悲観的な場合にも、幸福感を感じる手助けをする。スクラレオールという成分に女性ホルモンの分泌を調整する働きがあり、生理痛やPMS（月経前症候群）の改善によく用いられる。催淫特性も持つ。

＊妊娠中期以降は使用可能。

自分の肌を知り、肌質や目的に合わせる

◎クローブ 03

学名 Eugenia caryophyllata
抽出部位 花蕾
抽出方法 水蒸気蒸留法
効能 強壮・集中・抗菌・抗真菌

インドネシアなどの熱帯地域で広く栽培される常緑樹のつぼみを蒸留して抽出される。葉や茎から採油される精油もあるが、香りはやや劣る。強く染み入るスパイシーな深く甘い香り。強い高揚特性があり、気力を高めたいときや勉強や仕事に集中したいときに役立つ。オイゲノールという成分が多く含まれ、昆虫忌避効果や抗菌、カビの増殖を抑える優れた特性がある。また古くから虫歯の痛み止めに利用されてきたように、痛みをやわらげ、痙攣を鎮める働きがあり、肩こりや腰のはりにも効果的。現代でも口臭予防に歯磨きの原料として使われる。

＊刺激があり、妊娠中は避けた方が良い。

◎サイプレス 04

学名 Cupressus sempervirens
抽出部位 枝葉
抽出方法 水蒸気蒸留法
効能 抗菌・収れん・浄化

和名はイトスギ。ヒノキの香りによく似ているので日本人には親しみやすく、男性にも女性にも受け入れられる爽やかな森の香り。体液のバランスをよくする働きがあり、肌の水分のバランスを調整し、収れん作用を発揮する。体に対しては利尿、デオドラント、ホルモン調整、毛細血管収縮、止血鎮静、体液バランスの調整、女性の身体のリズムを整える作用がある。また、空気清浄作用、殺菌作用に優れ、イライラを鎮め、怒りをやわらげる効果もある。

＊妊娠初期は控えた方が良い。

◎サンダルウッド 05

学名 Santalum album
抽出部位 木部（心材）
抽出方法 水蒸気蒸留法
効能 鎮静・浄化・リラックス

年月とともに質と香りが向上する数少ない精油のひとつ。日本では白檀と呼ばれ、お香の原料として知られる。インドでは寺院での瞑想時の薫香や儀式などに使用されてきた。深いリラックス効果や鎮静作用があり、緊張や興奮を鎮めたり、心を落ち着かせたり、眠りを誘う効果がある。自分を見つめ直したいときなどにもおすすめ。香り立ちが弱いため、たくさん使ってしまいがちだが、定着性が高いため、一度に少量ずつ使うと良い。

＊妊娠初期は控えた方が良い。

◎ジンジャー

学名 Zingiber officinale
抽出部位 根・茎
抽出方法 水蒸気蒸留法
効能 健胃・温め・催淫・抗菌

06

日本ではショウガと呼ばれ、とてもスパイシーでインパクトのある香りが特徴。乾燥したジンジャーの根茎から抽出される。蒸留直後はやや緑がかった薄い黄色だが、時間が経つにしたがって色が濃くなり琥珀色に変化する。消化器系に働きかけ食欲不振をやわらげるほか、体を温める作用があり、冷え性の改善に効果的。記憶を高める作用もある。ジンジャーには催淫特性があるといわれ、男性用化粧水の原料によく利用される。そのほか食品香料の原料としても使用される。

*刺激が強いため、少なめに使うこと。

◎セージ

学名 Salvia officinalis
抽出部位 花と葉
抽出方法 水蒸気蒸留法
効能 鎮静・浄化・収れん・健胃

07

シャープで力強い、エネルギッシュな香り。古くから不老長寿の薬草として知られる。優れた鎮静作用により、神経を落ち着かせる効果があり、瞑想時や記憶力や集中力のアップなどに利用される。消毒、収れん作用により、傷の治りを早め、開いた毛穴を引き締める効果がある。そのほか、女性ホルモンのエストロゲンに似た成分が含まれるため、女性特有の症状に効果を発揮する。消化促進作用により、食欲不振の改善などにも役立つ。

*妊娠中は控えた方が良い。

◎ネロリ

学名 Citrus aurantium v. amara
抽出部位 花
抽出方法 水蒸気蒸留法
効能 リラックス・ホルモンバランス

08

イタリアのネロラ公国のアンナ・マリア妃が愛用したことからこの名がついたといわれる。オレンジ・ビター（Citrus aurantium v. amara）の花から抽出され、柑橘系の爽やかな明るさとフローラルの優美さの両方を兼ね備えた独特の芳香。細胞の再生を促し、皮膚の炎症を抑える効果がある。また消化器系の機能を高めるため、食欲不振にも効果的。うっとりするような優美な香りが幸福感をもたらし、心地良いリラックス感を与える。安眠効果もあり、就寝前の芳香浴もおすすめ。ネガティブな感情をほぐす作用があり、心配ごとや落ち込みなどにも効果的。催淫特性もある。

◎パイン（ヨーロッパアカマツ）

学名 Pinus sylvestris
抽出部位 針葉
抽出方法 水蒸気蒸留法
効能 抗菌・リラックス・浄化

09

松の針葉が醸し出すフレッシュで、すがすがしい香りが特徴。深く呼吸すると、森林浴のように気分をリフレッシュし、元気をもたらすことができる。優れた抗菌特性やデオドラント効果があり、空気を浄化する作用もある。ナチュラルコスメの石けんや入浴剤の原料としても人気がある。樹木系の精油にはシックハウスの原因となる、ホルムアルデヒドを分解する作用があることが最近の研究で明らかになっている。

＊肌への刺激がやや強いため、注意して使うこと。

10 ◎パチュリー

学名　Pogostemon patchouli
抽出部位　葉
抽出方法　水蒸気蒸留法
効能　鎮静・リラックス・解毒

墨汁のように土っぽく深みのある香りが特徴。マレーシアでは虫刺されの解毒剤として、インドでは衣服などの防虫剤として、東南アジアでは古くからさまざまな用途で用いられてきた。精油のなかでは珍しく時間が経過すると共に、質が向上していく精油。鎮静作用があり、感情のバランスをとって情緒を安定させる効果が期待できる。ストレスによる過食を抑えたり食欲を調整する効果があるのでダイエットにも有効。収れん作用にすぐれている。

＊妊娠初期は控えた方が良い。

11 ◎ベルガモット

学名　Citrus bergamia
抽出部位　果皮
抽出方法　圧搾法
効能　リラックス・健胃・高揚

さわかなシトラス（柑橘系）の香り。ほかの柑橘系の香りに比べて、フローラルなトーンが含まれ、やや温かみがある香りが特徴。ニキビ、吹き出物、湿疹などのトラブル肌の改善や脂性肌のスキンケアに効果的。心理面への働きにも優れ、気分を明るく高揚させると同時に心を落ち着かせる作用がある。主産地イタリアでは古くから食用以外にも利用され、精油の製造歴史も18世紀初頭に開始される。多くの芳香と調和しやすく、オーデコロンの成分として最初に用いられた精油のひとつ。

＊光毒性あり。

12 ◎スイート・マージョラム

学名　Origanum majorana
抽出部位　葉
抽出方法　水蒸気蒸留法
効能　リラックス・鎮静・健胃・制淫

シソ科のハーブで、温かみのあるスパイシーさのなかに、ほのかな甘みを含んだ香り。頭痛や不眠症に効果があり、緊張や不安定な気持ちをほぐして深いリラックスへと導いてくれる。悲しみや孤独感に襲われたときに、心を温めて気持ちを

瓶の中で生きている植物たちが精油です

楽にする作用もある。また落ち着きがないときにも、自己抑制を取り戻すのを助けるといわれる。くまやニキビを改善するスキンケア作用のほか、胃腸の働きをよくし、下痢や便秘の改善にも効果的。制淫特性があり、ヨーロッパの宗教施設などでも使われていた。

＊妊娠初期は控えた方が良い。

◎マヌカ 13

学名 Leptospermum scoparium
抽出部位 葉
抽出方法 水蒸気蒸留法
効能 抗炎症・抗真菌・鎮痛・鎮痙

高地に自生するマヌカの葉から蒸留される、茶色がかった色のオイル。淡く甘美なくせのある香り。ストレスにも効果が期待できる。抗バクテリア、抗真菌力を持ち、スキンケアに効果的。また、天然のアンチヒスタミン効果を持つため、炎症を抑え、あらゆる種類の皮膚の感染症や虫刺され、かゆみに役立つといわれる。なかでも水虫に対する効果には高い評価がある。虫の忌避作用もあるため、虫除けスプレーにも。腰痛や関節炎、筋肉痛、スポーツによる捻挫やむち打ちの症状などにも効果が期待できる。

◎ミルラ 14

学名 Commiphora myrrha
抽出部位 樹脂
抽出方法 水蒸気蒸留法
効能 抗菌・瘢痕形成・癒傷・去痰

和名は「没薬」。スパイシーでウッディーなムスクに似た甘みと苦味の両方を感じさせる独特の深い香り。さらに古代エジプトでは、ミイラをつくる際の遺体処理にミルラが利用され、「ミイラ」の語源となった。殺菌作用と抗炎症作用に優れ、肌トラブルをやわらげる。風邪などの感染症予防や口内炎などの炎症にも効果的。気分が落ち込んでやる気を失っているときには、気持ちを鼓舞し、覚醒させ、自信を取り戻してくれる心理的作用がある。マウスケア用品に含まれるほか、お香の原料としても使われる。

◎レモングラス 15

学名 Cymbopogon citratus
抽出部位 葉
抽出方法 水蒸気蒸留法
効能 消臭・殺菌・強壮・健胃

香りは柑橘系に分類されるがイネ科の多年生植物。その名の通りレモンの香りに似ているが、より強く鮮やかで甘さも少し含まれる。肌にハリを与え、毛穴を引き締める作用があるため、ニキビや脂性

植物は、肌だけではなく、心にも優しく作用します

肌に向いている。インドでは古くから感染症や熱病、虫除けとして使われていた。消臭効果が高く、タバコやペットの臭い消しに効果的。消化不良や食欲不振を改善し、体力回復、強壮に導いたり、生理痛やPMS（月経前症候群）の症状を緩和したりする働きもある。精神面では心を刺激して、やる気を取り戻すのを助けてくれる。

＊肌への刺激がやや強いため、注意して使うこと。

◎ローズオットー　16

学名　*Rosa damascena*
抽出部位　花
抽出方法　水蒸気蒸留法
効能　リラックス・ホルモンバランス

古くから女性を魅了し続け「エッセンシャルオイル（精油）の女王」と呼ばれるほど、高級感に満ち溢れたエレガントな香り。女性のトラブルすべてに万能。肉体的な緊張の緩和のほか、ホルモンのバランスを整えて子宮を強壮し、生理痛やPMS（月経前症候群）などあらゆる婦人科系の不調に有効。穏やかな作用で、ごく少量でも効果を発揮する。心理面ではネガティブな感情をほぐす特性があり、催淫特性ももつ。保湿や皮膚の修復作用、殺菌作用とスキンケアでもすばらしい効果を発揮するため、どんな肌タイプにもおすすめの精油。ただし、非常に高価なため、偽物の精油が多く出回っていることがあり注意が必要。他の精油に比べ劣化しにくく、長期間品質が安定している。

コラム❸

月のリズムと人間と祈りの関係

Reciprocity

月の満ち欠けのリズムは28日。月の満ち欠けが潮の満ち引きにも関係している話は有名ですが、じつは、70%以上が水分でできている人体にも大きな影響を与えています。そしてその影響は、満月および新月付近で、最も大きく現れるといわれています。特に女性の場合は、28日間という生理周期と月の満ち欠けがピッタリ同じですから、男性よりも多大な影響を月から受けるはずです。そして、肌の細胞が生まれ変わる周期も28日。さらには、オーストリアの人智学者ルドルフ・シュタイナー（1861〜1925）によって提唱された、バイオダイナミック農法でも、月の満ち欠けなどの天体のリズムを植物の神聖な栽培法のひとつとして採用しています。

月のリズムは、メンタルにも少なからず影響があると言われており、満月前症候群という病名まであり、満月の数日前や満月の日に頭痛や睡眠不足、イライラ、吐き気などの症状が起こることも。月の引力は強く、地球上の大地や植物などすべての自然が、月の引力に引っ張られます。そして人間も満月に影響され、血液や内臓、脳、細胞が満月のエネルギーに引っ張られます。満月の日はホルモンのバランスが崩れるため出生率も高くなりますが、同時に出血が増えるともいわれています。

新月の日は、発汗が増え緊張性頭痛が起こりやすいといわれています。ですから、満月や新月の前後は、いつもよりリラックスして、なるべくゆったりと過ごすことが大切です。私はここ8〜9年ほど、月が新月に向けて欠けていく日々にはデトックスを、月が満ちて満月となる日々には肌に栄養を与える、というようなリズムを取り入れて、食生活やスキンケアを実践し、自分が主宰しているサロンやスクールでもお伝えしています。

満月の日には、植物からのエネルギーが最も体内に多く吸収されやすいため、肌にたっぷり栄養を与えて、しっかり保湿を心がける特別ケアをすると、翌朝の肌が心なしかいつもよりうるおい、モチモチのつや肌になります。そして、満月の満ちた光を大切な植物や宝物、パワーストーンたちに、たっぷりと浴びてもらえるよう、夜はカーテンを開け放ち、月光浴ができるようにしています。翌朝の植物やパワーストーンたちがクリアになり、キラキラと強い輝きに満ちている様子を眺めるのは、とても神秘的で嬉しいひとときです。

　また新月は、月の光がゼロになる日。デトックス作用が高いため、私は新月の日を半月に一度やってくる、大切なリセット&見直しＤＡＹと捉えています。新月の特別ケアとして、半断食を行なったり、体内の浄化のために塩風呂に入ったり、スクラブやゴマージュで肌の余分な角質を優しく落とします。また、新月の朝には、毎回窓を開け放ちセージを炊いて念入りに掃除し、気を流し清めるのが習慣です。さらに、いつもより長めに瞑想をすることで自分を見直し、意識的に気持ちをリセットするように心がけています。

　月は、古今東西問わず、時を刻む尺度として常に人々を照らしてきました。そして、文化や芸術にも大きな影響を与え、祈りの対象とされてきたのです。豊穣を願い、人々の平安と繁栄、そして聖霊や神に祈りを捧げる儀式により、メッセージを与えてきました。イタリアのカンツォーネには「ルナ・ロッサ」という唄があります。赤い月という名のこの唄では、月はかねてより恋愛の祈りの対象でもあったことが分かります。

　人々の願いや祈りを多く届けてきた月のエネルギーは、今もなお、私たちにたくさんのグロウアップメッセージを授けてくれるのです。本レシピでは、月の満ち欠けに伴い、満ちるうるおいレシピと心身の浄化とデトックスレシピを数多くご紹介したいと思います。

ナチュラルコスメのレシピ

CHAPTER

コスメづくりの基本

ナチュラルコスメのつくり方はとてもシンプルです。原料は、肌の構造と同じように、水と油が中心で、そこに昔から効果的と効用を認められている植物のエッセンスを加えるだけ。シンプルなレシピだからこそ、植物の力をダイレクトに取り込むことができ、心身ともに癒されていくことができます。使用する植物や食品にどのような効能があるのかを理解したうえで、自分の肌質に合わせて材料を選ぶので、安心して使えます。また、新鮮な植物のパワーやエネルギーを肌から存分に取り入れるので、肌を通じて自然環境や地球との調和を体感できるようになるでしょう。

作業の基本

本書にあるレシピは、自分に合わせてアレンジすることができます。素材の効能を覚えたらオリジナルのレシピに挑戦してみましょう。その際に気をつけることはふたつ。ひとつは、消毒したきれいな容器に入れること。ただし、入れる順番を十分に気をつけましょう。精油はアルコールとオイルにしか溶けませんので、化粧水などの場合は、ティンクチャーやウォッカなどのアルコールを先に入れて、精油を溶かしてから水を加えます。

もうひとつは湯煎にかける場合。素材によっては熱が加わることによって成分が変わってしまったり、酸化してしまったりすることがあります。温めるときは必ず酸化しにくいオイルを選ぶことが大切です。ホホバオイルは沸点が非常に高く酸化しにくいため、湯煎をする工程のあるコスメは、ホホバオイルを湯煎にかけ、人肌くらいに冷めてきたら最後に、酸化しやすいオイルを加えましょう。

計量について

レシピのなかで、適量と書かれているものを除き、材料は正しく量りましょう。小さじ1は5ml、大さじ1は15mlです。液体でないものは、軽量スプーンですりきりにした状態で量りましょう。手づくりコスメ用には、小さじ1/2スプーンや小さじ1/4スプーンなども販売されています。また、精油の1滴はおよそ0・05mlです。1滴ずつ落ちるドロッパーのついた精油を購入しましょう。

適切な期間で使いきる

手づくりのナチュラルコスメには、成分の変質や変容を防ぐための防腐剤が含まれていません。そのため食べ物と同じように、傷んだり腐ったりすることがありますが、それが自然です。つくり終わったら、なるべく早く使いきり、もし嫌な臭いがしたり、色が変わったりした場合は、自分の感覚を信じて自己判断のうえ、使わないようにしましょう。

保存方法

クリームなどをつくる際に入れる容器は、口が広くて中身がむき出しになっているものが多いため、雑菌やカビが繁殖しやすいので保管場所に注意が必要です。使用の際に指ではなくスパチュラ（へら）やスプーンなどを使うこともおすすめです。植物の精油やオイルのなかには酸化しやすいものもあるため、空気に触れたり、暑い時期は直射日光に当てたりしないようにしてください。

パッチテスト

はじめて使う材料やレシピは、必ずパッチテストを行ってから使用するようにしましょう。パッチテストでかぶれやかゆみなどが現れる植物を特定しておけば、肌トラブルを事前に防ぐことができます。

【パッチテストの方法】

1. 腕の内側など、肌の柔らかく日にあたらない場所に、テストをしたい材料を少量塗布します。精油は原液で塗布せず、必ず植物オイルで0.5～3%の濃度に薄めてから塗布します。

2. 12時間～24時間程度、洗わずに放置します。異常が現れたときには、すぐに中止して洗い流しましょう。

販売、転売をしない

手づくりコスメを販売したり、プレゼントとして譲ったりすることは、**薬機法により禁止されています**。必ず、個人で使用する分をつくりましょう。

【アイコンの説明】

各レシピは洗顔系のレシピや、スキンケアのレシピなど、
コスメのジャンルのほか、アイコンの表示がされています。ナチュラルコスメを
つくりはじめる際に、欲しいアイテムから選んだり、
自分の肌の状態や月の満ち欠けに合わせてつくりはじめるといいでしょう。

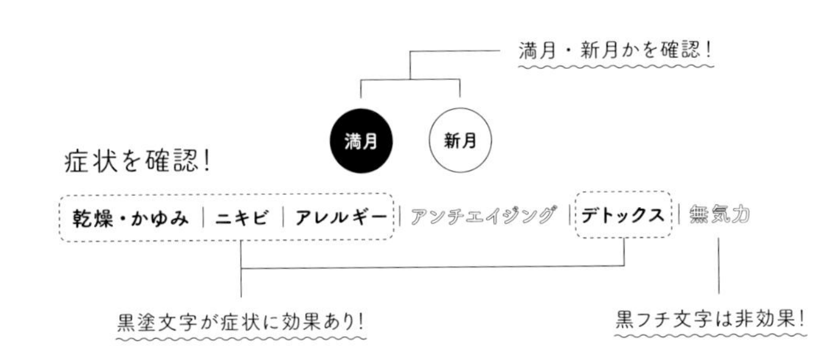

【満月・新月】

◎満月

満月には満ちる力、植物や自分自身のもつ力が存分に発揮し満たされる時間です。そんなときにぴったりのレシピです。満月から新月にかけては、月が欠けていくとき。浄化やデトックス、ネガティブな思いを手放していく期間です。

◎新月

新月は浄化のとき。また排出力も高まっているので、今まで自分に取り込んだ余分なものを月の力で浄化するのに適したレシピです。新月から満月にかけては、月が満ちていくとき。豊かさや至福を増やす、うるおいを増していく期間です。

満月、新月ともに、必ずしもそのタイミングに合わせなくてはいけないというわけではありません。満月、新月問わず、いつでもつくって使用していただけます。しかし、宇宙の天体リズムに従ってコスメをつくってみると、自分ではあずかり知らない力を、アイテムを通じて感じることができるかもしれません。

【症状別】

◎乾燥・かゆみ

乾燥やかゆみはお肌の水分と油分のバランスが大きく崩れている状態です。すべての肌荒れの原因は乾燥といっても過言ではありません。乾燥によるかゆみや肌の老化、シワやたるみなどに効果的です。

◎ニキビ

ニキビは、もともと肌にいる常在菌を過度に洗いすぎることなどによってバランスを崩し、菌の増殖により炎症を起こしている状態です。大人のニキビの主な原因である「乾燥」と「ホルモンバランスの乱れ」に適したレシピです。

◎アレルギー

アレルギーとは、免疫反応が関係し、過敏に反応する状態をいいます。アレルギー体質の方でも比較的おだやかに実践できるレシピに表示しています。

◎アンチエイジング

アンチエイジングとは、加齢による体の機能的な衰え（老化）を可能な限り抑えることです。いつまでも若々しい素肌を保つための効果があります。

◎デトックス

デトックスとは、体から老廃物や不純物を排出することで健康を実現しようという解毒の方法です。体内に溜まった毒素排出効果があります。

◎無気力

無気力とは、意欲を失ってエネルギーが消失したような状態です。無気力な状況から、徐々に元気をとり戻すために、植物の力を借りることはとても有効です。明るく楽しい気分になりやすい。

自分を愛し慈しむ心を育てるイメージングワーク

ローションやオイル、クリームなどを塗布するときには、ぜひイメージングワークを実践してみましょう。スキンケアの時間は、1日のなかで最大のリラクゼーションタイムです。神殿である自分自身の声に、耳を傾ける貴重な機会と捉えましょう。自分を愛し慈しむ心が植物を通じて素直に伝わり、あなた自身を大切にする気持ちが強くなり、ストレスを軽くさせてくれます。

1. 手づくりコスメを両手に広げ、肌にハンドプレスしながら鼻から息を吸い、吐き出すときは吸う速度よりもゆっくりと時間をかけて、深呼吸をするように口から深く吐き出します。

2. 息を吸うときには、植物から伝わる癒しのエネルギーを光とともに体いっぱいに取り込みます。そして、細胞のひとつひとつに留まって、キラキラと輝くのをイメージしてみましょう。

3. 吐くときには、1日の疲れやストレスなど、今の自分に不要なものをを体の外に全部吐き出すようにイメージしてください。

吐き出したものはその場には残らず、ただ微細な光の「プリズム」となって、すぐに昇華され、宇宙へと還っていきます。そして、「今日も1日お疲れさま。ありがとう。大好きよ。」と、自分自身に愛といたわりの言葉をかけてあげましょう。

肌トラブルは多くの場合、心の状態に目を向けるための、ひとつの信号として目の前に現れているものです。自分を愛し輝かせるのは、誰でもない『あなた自身』です。手づくりのコスメを使ったイメージングワークを通じて、目先の気になる部分だけに気をとられるのではなく、本当は何が必要なのかを自身に問い、日々の暮らしや自分の心に、どうかゆっくりと目を向けてみましょう。

その1

クレンジング編

あなたを洗うものは、
使うほどにあなたを浄化し、
お肌だけではなく、
心を切り替え、
エネルギーを整えるものなのです。
そんな神聖な植物ケアを
楽しみましょう。

cleansing 13

01

ハニーヨーグルト・オイルクレンジング

ハチミツと植物オイルでメイクの汚れを浮かせて落とし、同時に保湿もできるレシピです。ホホバオイルが乾燥をやわらげながら、毛穴の汚れをしっかりとかき出してくれます。ハチミツとヨーグルトの保湿力が加われば美肌効果も抜群！　また、クレンジングの後にレシピの分量で保湿パックも可能です。10分ほどおいてから洗い流せばOK。くすみも取れてツルツルのつや肌になりますよ。

材料

ホホバオイル…大さじ1
ヨーグルト…小さじ1
ハチミツ…小さじ1
ホワイトクレイ…小さじ1
精油　ラベンダー…1滴
　　　パチュリー…1滴

つくり方

1 ホホバオイルとハチミツ、ヨーグルト、ホワイトクレイ、精油を小さめのガラス容器のなかで、しっかりと混ぜ合わせる。

使い方

濡らした顔全体に伸ばし、くるくるとマッサージしながらなじませ、ぬるま湯で洗い流します。これは１回分のレシピです。長持ちはしませんので、つくったらすぐに使う！　が肝。

※メイク汚れを落とした後は、毛穴にオイルが残らないように石けんなどやさしい界面活性作用のあるもので、再度クレンジングを行いましょう。ハチミツには毛穴の汚れを落とす作用もありますので、石けんにもハチミツを小さじ1程度混ぜ合わせ、泡立てネットなどでしっかりと泡立てて洗い流すと良いでしょう。

ツルツルのつや肌に！

02 ミルクソープ・クレンジング

石けんにオイルを加えて乳化（水と油のように本来は混ざり合わない２つの液体が均一に混ざった状態）させたクレンジングクリームです。肌がしっとりするうえ、余分な角質が取れてすべすべになる、私のお気に入りのレシピです。どんな肌質の方でも使いやすく、メイク汚れはもちろん、余分な皮脂やくすみをしっかり取り除くので、透明感がアップし、もちもちの美肌になります。

材料

精製水…25ml
ホホバオイル…25ml
石けん…10g
モンモリロナイト…小さじ1/2
ハチミツ…小さじ1

精油　ラベンダー…2滴
オレンジスイート…2滴
セージ…2滴
パイン…2滴
パチュリー…2滴

つくり方

1 石けんを細かく刻み、ビーカーに入れる。
2 精製水を沸騰させて火を止め、石けんの入ったビーカーに注いで、溶けるまで放置する。
3 石けんが溶けたら湯煎し45度くらいまで温度をあげる。
4 ホホバオイルを別のビーカーに量り入れて湯煎にかけ、石けんと同じ温度にする。
5 石けんとホホバオイルを湯煎からおろし、ふたつを混ぜ合わせる。
6 クリーム状に乳化し、温度が下がったらモンモリロナイトと精油とハチミツを加えて再びしっかりと混ぜ合わせ、熱消毒した容器に入れる。

使い方

濡らした肌につけてやさしくマッサージし、しっかりとなじませたら、ぬるま湯で洗い流します。石けんが加わるため洗顔の必要はありませんが、濃いメイクをした場合や、汚れの落とし残りが気になる場合は、再度クレンジングを行いましょう。湿度の低い冷暗所で保存し、3ヶ月以内に使いきりましょう。

使うほどに美白になるクレンジング！

03

クレイソフトウォッシュ

自然治癒力を向上させ、余分な皮脂や老廃物を優しく吸着してくれるホワイトクレイと、水分の保持力が大変高くソフトなピーリング作用のあるオートミールを使ったクレイマスクです。毛穴の汚れを浮かしながら、優しく角質を取り除き、くすみを改善します。敏感傾向でかゆみを感じる肌や、小鼻周りの黒ずみや毛穴が気になる方におすすめ！

材料

オートミールパウダー…小さじ3
ホワイトクレイ…小さじ2
ラベンダー芳香蒸留水…適量
ハチミツ…小さじ1

つくり方

1 ホワイトクレイにオートミールを混ぜ合わせ、ラベンダー芳香蒸留水を加えて5分くらい寝かせる。
2 水分が吸収されたらハチミツを加えて混ぜ合わせ、肌につけても落ちないくらいの柔らかさにする。

使い方

小鼻の横などの角質の気になる所は優しくマッサージしながら、洗顔後の素肌に厚め（1cmくらい）に乗せ、パックします。乾いてしまう前にぬるめのお湯で洗い流し、ローションで水分を補給し、毛穴を引き締めましょう。週1、2回程度の使用がおすすめです。

オートミールがパウダー状でない場合は、ミルサーなどで細かくして使いましょう。粉砕した後は冷凍庫で保存しておけば、すぐに使えて便利です。水に浸せばすぐに浸水し柔らかくなります。

くすみの改善に！

04

ゆずハニーナイトパック&ディープクレンジング

肌寒くなり、ゆずが恋しくなる頃の最適レシピです。ゆずは日本人に古くからなじみが深く、お年寄りから子どもまで、とてもリラクゼーション効果の高い柑橘です。ゆずの香りを嗅ぐと、なんだかとても懐かしい気持ちになり、ほっと安心するのは決して私だけではないはず。しかも、無農薬のゆずは皮から種まですべての部分を、余すところなく利用することができる、とても貴重な存在です。

材料

《エッセンス》
ゆず…1個
ハチミツ
…使用する瓶が埋まる程度

《パック&クレンジング》
好みの植物オイルもしくはクレイ
…大さじ1

つくり方

1 ゆずをよく洗い水分をしっかり拭き取る。
2 ゆずを輪切りにし、押しつぶさないようにしながら空き瓶の口切いっぱいまで入れる。
3 隙間からハチミツを瓶の口ギリギリまでたっぷりと入れる。
4 1週間ほど冷暗所に置いてエッセンスの完成。
※ まれにハチミツやゆずにアレルギーをお持ちの方もいらっしゃいます。肌に違和感を覚えたら使用は控えましょう。

使い方

エッセンス大さじ1に、お好みの植物オイルを同量加えパックします。オイルをクレイに替えると、毛穴の汚れを落とすディープクレンジングに。ハチミツと柚子のW保湿効果でうるおいがUP!　どちらも乾燥の激しい時期におすすめのスキンケアです。未開封の状態なら1年ほど保存が可能です。冷蔵庫で保管し、早めに使いきりましょう。

エッセンス使いが肝!

※ゆずには、肌を若々しく保つ美容成分が豊富に含まれています。さらに、ゆずの芳香成分のリモネンは、リラックス効果や緊張をほぐす効果があります。ストレスに負けないつや肌づくりや自然治癒力UPに効果的です。ぜひお試しくださいね☆

05

ローズソフトゴマージュ・ウォッシュ

ローズのやさしい花弁でソフトに毛穴汚れをかき出してしっかり保湿もする敏感肌用のゴマージュタイプの洗顔剤です。朝晩お使いいただけます。小鼻周りの黒ずみや毛穴が気になる方、肌のかゆみなどがある方にもおすすめです。

材料

ハチミツ…大さじ2
ローズ粉末…小さじ2
ホワイトクレイ…小さじ1/2
精油　フランキンセンス…1滴

つくり方

1 すべてをよく混ぜあわせて完成！

使い方

メイクを落とした後の濡れた肌に塗布し、優しくなでるようにゴマージュ（表皮に働きかける施術方法）し、乾いてしまう前にぬるめのお湯でやさしく洗い流します。洗い流したらすぐにローションで水分を補給し、毛穴を引き締めましょう。また、同量を水で溶いて、肌にうすく塗布してパックするのもおすすめな使用方法のひとつ。その際はパックが乾かないように注意しましょう。パックが乾いてくると、せっかく吸着していた老廃物や重金属が、肌へと戻ってしまいます。また、乾燥が促進されてしまいますので、乾く前に優しく洗い流しましょう。ローズとフランキンセンスの香りが女性性を輝かせ、リラックスしながら明るい気持ちに向かわせてくれます。

敏感肌のゴマージュに！

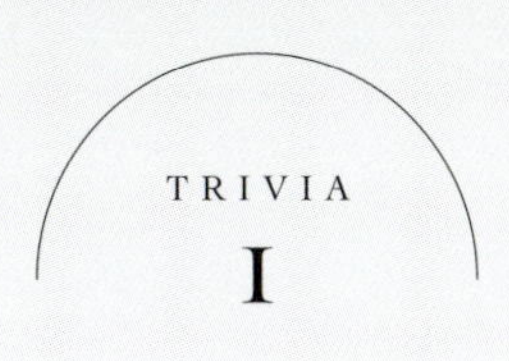

ニキビって何?

ニキビの原因となるアクネ菌は、もともと肌にいる常在菌です。普段は皮脂を食べて弱酸性の脂肪酸とグリセリンに分解し、肌の保湿を助けています。しかし、合成界面活性剤を含むコスメを使用した肌は、角質が薄くなり水分の蒸発が激しくなります。それを食い止めるために、皮脂が多量に分泌されるようになると、アクネ菌のつくり出す脂肪酸と重なって、毛穴がふさがってしまいます。詰まった毛穴の中でアクネ菌が増殖し、炎症を起こすことになるのです。日常に使われるアイテムに含まれている合成界面活性剤が、調和の取れていた菌のバランスを崩している可能性も。しっとりとつやのある肌をつくる極意は皮膚常在菌のバランスを保つことです。

06 小豆スクラブ

小豆に含まれる「サポニン」には、天然の界面活性剤ともいわれ汚れをやさしく落としてくれる働きがあります。小豆を茹でると煮汁が泡立つのもそのためです。日本では、昔から優れた洗顔料のひとつとして愛用されており、小豆のゆで汁で顔を洗ったり、煎った小豆を粉状にして水に溶いて顔を洗うと、角質を取り除き美肌になるといわれてきました。さらに、小豆には水溶性の油分が含まれているので、洗いあがりの肌をしっとりさせてくれる効果もあります。スクラブで余分な角質や毛穴の汚れをやさしくかき出し、ハチミツとのダブル効果で、肌に透明感が生まれ、毛穴がすっきり、うるおいアップの、ツルツルすべすべのつや肌になります！

材料

小豆（粉末）…小さじ2
ハチミツ…小さじ1
水…少々
精油　ラベンダー…1滴

つくり方

1 小豆をミルなどでパウダー状にする。
2 小豆パウダーに水を少量とハチミツを加えながら、ゆるいペースト状になるように練る。
3 精油を加えて完成です！

使い方

洗顔後の濡れた状態の肌にスクラブをなじませます。気になる部分を中心にやさしくなでるようにスクラブし、ぬるま湯でよく洗い流します。粉末にした小豆は密閉容器などで冷凍保存しておくと便利です。

肌に角質が溜まりすぎると、毛穴の詰まりを引き起こしたり、顔全体がくすんで見えたりします。スクラブをすると、この角質を取り除くので、白くきめ細やかな肌の変化に驚きます！　また、敏感傾向の肌はスクラブせずに1分ほど塗布してパックをする使い方もおすすめです。

透明感、うるおい、つやアップ！

07

ハニーワインパック

ハチミツが空気中の水分を吸収して肌の外側にうるおいのヴェールをつくり、さらに内側の水分を逃がさないようしっかり閉じ込めてくれます。また、赤ワインに含まれるブドウ由来のフルーツ酸が角質の新陳代謝を促進することで、色素沈着を解消し、肌を自然に白くします。ポリフェノールは老化防止や抗酸化、ダメージを負った細胞の修復などの効果も期待できます。肌の内側と外側のダブルでうるおいがキープできるパックケアです。

材料

ハチミツ…大さじ2
赤ワイン…小さじ2
グリーンクレイ…大さじ2
好みの精油…2滴

つくり方

1 赤ワイン小さじ2にハチミツ大さじ2、グリーンクレイ大さじ2を加え、良く混ぜる。
2 お好みの精油を2滴加える。
※ アルコールに過敏な方はワインを軽く沸騰させてアルコールを飛ばしてからつくりましょう。

使い方

パックをし、端が少し（2割程度）乾いてきたら、ぬるま湯で洗い流します。クレンジング後のバスタイムにパックすれば、毛穴が十分開き汚れを取り除き、美容成分の吸収をよくすることができます。
つくり置きはせずに使いきりましょう。

※顔に塗る際には、目に入らないよう注意しましょう。

うるおいヴェールで包む！

08

スペシャルナイトパック

肌をやわらかく保つ秘訣！

新鮮なアボカドに含まれているオイル成分は、肌に対して非常に優れた効能があり、多くの植物オイルに比べても皮膚に対する浸透性が高く、柔軟効果に優れています。肌にすっとなじみ乾燥肌をやわらげるとともに、皮脂のバランスを整え、皮膚の弾力を回復させ、みずみずしさを保つ働きがあります。さらには、細胞再生機能を促進・コラーゲンの生成を促す・活性酸素の除去・血行促進・老化防止効果など、優れた天然成分がパワフルに働きかけてくれます。ビタミンやミネラルも豊富なので、身体に必要な栄養素をふんだんに取り入れることができます。

材料

アボカド…半分（食べ頃のもの）
太白胡麻油（またはエクストラ・バージンオリーブオイル）…小さじ1
ハチミツ…小さじ1

つくり方

1 アボカドの皮を剥き、種を取ってよくすりつぶす。
2 太白胡麻油とハチミツを加え、よく混ぜる。
※ アボカドは空気に触れるとすぐに酸化しますので、必ず使いきれる分だけつくりましょう。

使い方

洗顔後の清潔な肌にアボカドパックをなじませ、15分ほど放置した後、ぬるま湯でよく洗い流します。アボカドオイルは酸化しやすいため、必ず1回で使いきりましょう。レシピでつくったパックは、残ったら食べてもとても美味しいです。体の内外から、みずみずしさを保ちましょう。

09

エッグ・マヨパック

濃密なうるおい＆シワ予防効果を発揮！

マヨネーズを手づくりしたことはありますか？
マヨネーズに使われる卵黄、酢、植物オイルには、肌のうるおいをアップし、シワやシミを防ぐ働きのある成分がたくさん含まれています。エッグマヨパックに、塩やブラックペッパーなどを加えれば、そのまま、おいしい手づくりマヨネーズにも大変身します。つくった材料を半分に分け、片方はスキンケアに、もう片方はマヨネーズとして、おいしくいただくことができる、まさに体内外から健康なつや肌になる一石二鳥の贅沢レシピです！

材料

卵黄…1個
酢（りんご酢）…大さじ1
お好みの植物オイル…大さじ5〜6

つくり方

1 卵黄にお酢を加え、ミキサーでしっかり攪拌する。
2 オイルを少しずつ加え、さらに混ぜ合わせる。とろりとしたクリーム状になったらできあがり！

使い方

洗顔後、肌に乗せ、10〜15分置きます。パックが少し乾いてきたら、ぬるま湯でしっかり洗い流しましょう。その後は化粧水などで肌を整えてください。冷蔵庫で3〜4日保存が可能です。

※植物オイルは、有機栽培の太白胡麻油やエクストラ・バージンオリーブオイルなどがおすすめです。

TRIVIA

II

マメ知識

美肌をつくる3つのポイント

エッグマヨパックに使われる3つの素材は、どれも美肌効果が抜群です。

お酢はアミノ酸が豊富で、殺菌効果もあります。肌の新陳代謝を助ける効果、肌のハリ、美白効果が大変期待できます。卵黄に含まれるアミノ酸やたんぱく質も肌の新陳代謝を高め、小じわを防ぎ、肌に濃厚なうるおいとハリを与えてくれます。太白胡麻油やオリーブオイルは皮脂のバランスを整え、紫外線から肌を守ります。どちらも細胞の活性化を促しますので、ビューティーエイジングケアに大変おすすめです。このレシピをマスターすれば、マヨネーズも高価なパックも、もう買う必要はありません！ぜひ、おいしい美肌レシピをお試しくださいね。

3 POINTS
TO MAKE A BEAUTIFULSKIN

10 タラソ・ハニーパック

タラソはギリシャ語で海を意味する「タラサ」から生まれた造語です。海洋療法をタラソセラピーといい、海のもつ治癒力のエネルギーで、生命が本来もっている力を引き出します。海の恵みである昆布に含まれるビタミンＢ１群やミネラルには、しっかりとした保湿力と美肌効果が期待でき、毛穴の汚れ除去、美白などに効果があるといわれています。

材料

昆布…1枚
グリーンクレイ…大さじ1
精製水…大さじ2
ハチミツ…小さじ1
精油　ユーカリ…1滴

つくり方

1 昆布を多めの水で煮て、しっかり塩抜きをした後、ミキサーなどでペースト状にする。
2 昆布ペーストとクレイを均一に混ぜたものに、かき混ぜながら少しずつ水を注いでいき、数分放置してふやかす。
3 熱が冷めてきたら、精油とハチミツを加えてかき混ぜて完成！

使い方

洗顔後の肌に厚めに延ばして、10〜20分後に濡らしたティッシュでやさしく拭き取り、洗顔します。保存ができないので、必ず使いきれる量をつくりましょう。

※昆布や海藻などにアレルギーのある方は、使用を控えましょう。

小じわケアに！

11 ヨーグルトパック・ホワイトニング

殺菌効果や美白作用もあり、日焼け後のケアや敏感な肌にもやさしいヨーグルト。ヨーグルトに含まれる乳酸菌が肌を健やかに保ち、固くなった肌を柔らかな状態にしてくれるため、乾燥気味な肌の洗顔に最適です。汚れを落とすのはもちろん、保湿ケアもできる簡単レシピです。材料も少なく、量も少し。毎朝食べるヨーグルトを少量残しておけばOKです。うるおいが増してキメが整い、ご機嫌なつや肌になります。

材料

ヨーグルト（自然な製法でつくられたプレーンヨーグルト）…大さじ1
植物オイル（エクストラ・バージンオイル）…小さじ1/2
ハチミツ…小さじ1

つくり方

1 無添加のプレーンヨーグルトに植物オイルとハチミツを加え、よく混ぜて完成です！

※ 植物オイルは、普段お使いの新鮮なものでしたらなんでもOK。太白胡麻油やエクストラ・バージンオリーブオイルなどがおすすめ。

使い方

洗顔後に10分ほどパックします。必ずパックが乾く前に洗い流しましょう。その後は化粧水などでお肌を整えてください。必ず使いきる分だけつくりましょう。

※顔に塗る際には、目に入らないように注意しましょう。

朝食後の習慣に！

12 リラクゼーション・シェイビングクリーム

男性が好きな香りです！

市販のシェイビングクリームや髭剃り後のアフターローションなどには、合成界面活性剤をはじめ肌のタンパク質を過度に溶かす、乾燥肌の原因となる成分がたくさん含まれています。毎日使うものは、作用のおだやかなものをおすすめします。このレシピは髭が柔らかくなり剃りやすいうえに、油分が肌を守り皮膚にも負担がかかりにくいため安心です。毛穴の黒ずみもクレイと石けんが優しく洗い流し、肌荒れも防ぎます。リラックスを促す精油ブレンドで、髭を剃りながら日頃の仕事の疲れも癒してくれます。

材料

精製水…30ml
石けん…10g
モンモリロナイト…小さじ 1/2
ホホバオイル…15ml
オリーブオイル…15ml

精油　マンダリン…4 滴
パチュリー…3 滴
ラベンダー…3 滴
プチグレン…3 滴

つくり方

1. 石けんを細かく刻み、ビーカーに入れる。
2. 精製水を沸騰させて火を止め、石けんの入ったビーカーに注いで、溶けるまで放置する。
3. 石けんが溶けたら湯煎し45度くらいまで温度を上げる。
4. ホホバオイルとオリーブオイルを別のビーカーで混ぜ合わせる。湯煎にかけ、石けんと同じ温度にする。
5. 石けんとオイルを湯煎からおろし、混ぜ合わせる。
6. クリーム状に乳化し、温度が下がったらモンモリロナイトと精油とハチミツを加えて再びしっかりと混ぜ合わせ、熱消毒した容器に入れる。

使い方

顔をお湯で濡らした後、シェイビングクリームを塗り、ゆっくり剃り上げます。剃り終えたら顔を洗い流します。防腐剤が入っていませんので、冷暗所で保存。3ヶ月程度で使いきりましょう。

13

アフターシェイビングローション

髭剃り後の敏感な肌を優しく整えてくれるローションです。肌にたっぷりと塗布し、両手で何度もハンドプレスして肌の中へと水分を導き入れます。赤みや毛穴の目立ちやすい肌もしっかりと鎮静させ、健やかな肌に導いてくれます。足のむだ毛などの処理の後に、また、日焼け後の鎮静にも効果的な、肌を整えるローションです。

材料

精製水…80ml
ローズティンクチャー…15ml
ハチミツ…小さじ1

精油　ローズマリー…3滴
　　　ペパーミント…3滴
　　　ラベンダー…3滴

つくり方

1 煮沸消毒したガラス製のスプレー容器（100ml）に、ローズティンクチャーと精油を入れてよく混ぜ合わせる。
2 ハチミツと精製水を加え、よく振り混ぜて完成。

使い方

髭剃り後の顔全体にたっぷりスプレーした後、しっかりとハンドプレスし、水分をなじませます。通常のローションとして使っても良いでしょう。冷暗所で保存し、1ヶ月程度で使いきるようにしましょう。

※材料の精製水を芳香蒸留水に替えるのもおすすめです。

簡単、混ぜるだけ！

自然にならう過ごし方。

そのままのあなたの感情をただありのままに、表現しましょう。あれこれと頭で考えて、感情を操作しようとしたり、未来の予定に合わないことだと、我慢を重ねたりする必要はありません。人生のなかで、あなたがコントロールできることと、できないことがあるのです。

どんなに頑張っても、あなたの本心ではないことは、成し得ることはできません。または、たとえ無理をして、ようやく成し得たとしても、本当には幸せでないでしょう。ただシンプルに、素直な気持ちのままに表現して、体現して、想いを伝えていきましょう。過去や未来のことを考えて、推し量るのではなく、いつでも『今』に、いられますように。

今、あなたは何を感じていますか?

その感情のままに、まずは自分に正直になりましょう。あなたが嘘を最初につく相手は、ほかの誰かではなく、あなた自身なのです。あなたの魂が発するままに、シンプルに物事を選び、ただシンプルに暮らしましょう。それは、かけがえのない瞬間の繰り返し。『今』は、奇跡の連続なのです。そしてその先に、あなたの未来が築かれているのです。

その2

スキンケア編

あなたの肌をうるおわし、満たすのは、
使うごとにあなたの心をリラックスさせ、
癒されていくものでなくてはなりません。
その朝晩の時間は、あなただけの
大切な、特別な時間なのです。

skincare 15

01 親子でつくるやさしいナチュラルローション

植物の香りや色、つるつる&ざらざらの手触り、すりつぶす感覚、つけ心地、心地良さ……。食べても安心な植物たちを使って、ご自宅で気軽に、楽しみながらつくれる、古くから伝わる『植物たちの魔法のくすり箱』レシピです。アレンジ自在。難しいことは考えない。楽しく五感を使って遊び、親子でやさしいナチュラルコスメを手づくりしましょう。

材料

お好みのハーブティー…40ml
アルコール…5ml
ハチミツ…スプーン1杯
お好みの精油…3滴
(お子さま用のレシピは
アルコールや精油を使わず
ハーブティー45ml)

つくり方

1 ハーブティーは、精製水を沸騰させてドライハーブを加え、蓋をして15〜20分程度煮出して冷ます。
2 アルコールとハチミツ、精油をスプレー容器に加える。お子さま用の場合はハチミツのみ容器に加える。
3 冷めたハーブティーを加え、蓋を閉めて、よく振り混ぜる。ハチミツが溶けたらできあがり。

使い方

日常の化粧水として使用します。必ず冷蔵庫で保管し、アルコールを入れた場合は10日間、お子さま用は1週間を目安に使いましょう。

※アルコールには収れん作用・殺菌作用・防腐作用があります。アルコールをティンクチャーにすることで、ハーブの効能をさらに加えることができます。日常使いの場合、精油は少なめがおすすめです。普段から精油を多く使用すると肌が慣れて、効果を感じにくくなってしまいます。

02 カーム・フェイスローション

肌をしっとりと保湿しながら鎮静させる化粧水です。気持ちを落ち着かせながら、収れん作用、殺菌作用もあり、皮脂を抑えて開いた毛穴を引き締める効果があります。

材料

精製水…75ml
ローズティンクチャー…15ml
ハチミツ…5ml
精油　ゼラニウム…2滴
　　　ジャーマンカモミール…2滴
　　　ラベンダー…2滴

つくり方

1 ハチミツとローズのティンクチャー（つくり方P.39参照）を煮沸消毒した瓶に入れる。
2 精油を瓶に加えてよく振り混ぜる。
3 精製水を加えて振り混ぜて完成。

使い方

洗顔後の肌にたっぷりと塗布します。肌にすぐに吸収されたら、乾燥が進んでいる証拠。化粧水が浸透しきらなくなるまで何度か塗布を続けてください。肌の上にまだ水滴が残っている状態で、美容液やオイル、クリームなどをつけると肌に美容成分を浸透させる手助けになります。湿度の低い冷暗所や冷蔵庫で保存すれば1ヶ月程度使えるので満月の日ごとにつくり替えるのもおすすめです！

乾燥や日焼け肌に

03

エイジング・デイオイル美容液【日中用】

UVケア用のスペシャルオイル

優れた抗酸化作用やメラニンの生成を抑える働きのあるクランベリーシードオイルを使い、紫外線ダメージを肌に残しにくい、スペシャルなビューティーエイジング美容液です。

材料

クランベリーシードオイル…10ml
ホホバオイル…15ml
精油　ローマンカモミール…2滴
パチュリー…1滴
ローズマリー…1滴

つくり方

1 煮沸消毒した瓶にクランベリーシードオイルとホホバオイルを入れる。
2 精油を加え、よく混ぜる。

使い方

優れた抗酸化作用やメラニンの生成を抑える働きのあるクランベリーシードオイルを使い、紫外線ダメージを肌に残しにくい、スペシャルなビューティーエイジング美容液です。

04

エイジング・ブライトナイトオイル【夜用】

老化が気になる乾燥肌におすすめのアンチエイジングのためのオイルブレンドです。シミやシワ、たるみを防ぎ、くすみを改善して透明感のあるうるおう肌へと導きます。また、ストレスから肌を守り、睡眠中に肌本来の機能を回復させる効果があります。

材料

アルガンオイル…10ml
マカダミアナッツオイル…5ml
ホホバオイル…5ml

精油　フランキンセンス…2滴
　　　ゼラニウム…2滴
　　　ローズオットー…1滴

つくり方

1 煮沸消毒した瓶にすべてのオイルを入れる。
2 精油を加え、よく混ぜる。

使い方

肌に浸透する程度の量を3～5滴、化粧水の後のしめった肌に塗布します。両手のひらにオイルをなじませて顔を覆い、目を閉じて深呼吸すると、いっそうリラクゼーション効果が高まり、1日の疲れを労ってくれるでしょう。

※週に1度は、このオイルを少し多めに塗布し、ゆっくりとやさしくなでるセルフフェイシャルマッサージをするといいでしょう。オイルの香りで内側からも外側からもゆるみ、リラックスすることができます。その後、肌に残るオイルは、ティッシュオフしましょう。

05

つや肌ヒーリングクリーム

シアバターとホホバオイルとキャスターオイルのトリプルの効果で少量でもしっかりとうるおう特別レシピです！　保湿しながら、敏感な状態のトラブル肌もしっかりと癒してくれるクリームは、化粧下地としても最適。素材の性質を知り、選ぶポイントさえ抑えれば、とても高品質なクリームをつくることが可能です。乾燥を防ぎ、保湿はもちろんのこと、シワやくすみのないうるおい肌に導いてくれます。

材料

シアバター…25ml
ホホバオイル…5ml
キャスターオイル…5ml
ミツロウ…5ml
ハチミツ…小さじ1/2

精油　ラベンダー…2滴
パイン…2滴
ジャーマンカモミール…2滴
サンダルウッド…2滴

つくり方

1 消毒した容器（容量30ml）にホホバオイルとシアバター、ミツロウを入れて湯煎にかける。
2 1が溶けたら湯煎から外し、よく混ぜてしっかりと乳化させる。粗熱がとれてきたら、キャスターオイルを加える。
3 さらに冷えて少し固まってきたら、ハチミツと精油を加えてよく混ぜ合わせる。テーブルなどに容器を数回打ちつけて空気を抜き、熱が冷めてから蓋をして完成です。

使い方

鎮静作用の高いローションでしっかり保湿をした後、水分の残る肌に薄く塗ります。クリームの量は小指の爪くらいの量からはじめましょう。手のひらに広げて顔全体になじませます。赤みやひりつきのある部分には多めに塗ります。

06

クランベリー・リッチデイクリーム

優れた抗酸化作用のあるクランベリーシードオイルと、保湿効果の高いホホバオイルとシアバターの組み合わせは、乾燥肌の日中用クリームとして最適。プラスする精油は鎮静作用、鎮痛作用、消炎作用に優れています。

材料

シアバター…10ml
ミツロウ…5g
ホホバオイル…5ml
クランベリーシードオイル…5ml

精油　ゼラニウム……2滴
サンダルウッド…2滴
ペパーミント…1滴
ローマンカモミール…1滴

つくり方

1　煮沸消毒した容器（容量30ml）にホホバオイルとミツロウ、シアバターを入れて湯煎にかける。
2　1が溶けたら湯煎から外し、温度が下がってきたらクランベリーシードオイルを加えて混ぜる。
3　冷えて固まってきたら、精油を加えてよく混ぜ合わせる。テーブルなどに容器を数回打ちつけて空気を抜き、熱が冷めてから蓋をする。

使い方

化粧水で保温をした後、水分の残る肌に薄く塗ります。小指の爪くらいの量のクリームを取り、顔全体になじませます。赤みやひりつきのある部分には多めに塗ると良いでしょう。湿度の低い冷暗所で3ヶ月程度保存が可能です。

UV対策にも！

07

ラベンダー・ヒーリングクリーム

高い保湿力で皮脂膜をつくり、乾燥から守ってくれる敏感傾向の肌に最適なクリーム。特にラベンダー精油は鎮静作用も高いので、日焼けや火傷で赤くひりつく肌にも効果的です。クリームとして朝晩の日常使いにおすすめなのはもちろんのこと、炎症が激しい場合のケアにも最適。マヌカ精油の鎮静作用と深い香りでリラクゼーション効果も高いクリームです。

材料

ホホバオイル…15ml
シアバター…13ml
ミツロウ…3g

精油　ラベンダー…4滴
　　　マヌカ…2滴
　　　ジャーマンカモミール…2滴

つくり方

1 ホホバオイルとシアバター、ミツロウを消毒したガラス容器（30ml）に入れて湯煎する。
2 ミツロウとカカオバターが溶けたら、湯煎からおろし、よくかき混ぜ乳化させる。
3 クリームが固まってきたら、精油を加えてよくかき混ぜて完成。

使い方

肌が炎症を起こしているときは洗顔・化粧水で保湿後、3〜5mm程度の厚さに塗って5分ほどおき、濡れたコットンなどで優しく拭き取ります。再び化粧水を塗布し、クリームで膜をつくった後に保冷剤をタオルで巻いて患部に当て、冷やします。さらに気になる部分にはクリームを分厚く塗布して就寝しましょう。

敏感肌のデイケアに。

08 ココナッツダメージケアクリーム

ココナッツオイルの優れた鎮静作用とともに、ヒーリング効果の高い精油が傷やかゆみの気になる肌にも優しく作用してくれます。南国ではココナッツオイルが重宝され、肌荒れや日焼けのダメージケアに多用されています。そんなココナッツを使い、乾燥を防ぎ健やかな肌へと導くシンプルな万能クリームです。

材料

ココナッツオイル…40ml
ミツロウ…5g

精油　ローマンカモミール…2滴
マヌカ…2滴
ネロリ…2滴
ティートリー…2滴

作り方

1 煮沸消毒した容器（容量50ml）にココナッツオイルとミツロウを入れて湯煎にかけ、ミツロウを溶かす。
2 精油を加えてよく混ぜ合わせる。
3 テーブルなどに容器を数回打ちつけて空気を抜き、熱が冷めてから蓋をする。

使い方

化粧水でしっかり保湿した後、水分の残る肌に薄く塗ります。小指の爪くらいの量のクリームを取り、手のひらに広げて顔全体になじませます。湿度の低い冷暗所に置き、3ヶ月程度で使いきりましょう。

甘い香りでヒーリングケア。

マメ知識

湿度は50%前後に

季節の変わり目は、肌が乾燥し、ダメージの蓄積によりバランスが崩れ、さらには、肌の代謝サイクルも乱れがちになっているとき。メラニン色素が増えるのは、肌を紫外線から守るためなのはご存じの通りですが、肌を乾燥からガードしようとすると、同じように角質も蓄積していきますので、ごわつきが気になる方も。また、乾燥のしすぎでフェイスラインにかゆみなどの炎症を起こすこともあり、気づけば敏感肌になってしまっている人もいます。気候の変化や食べすぎなどにより、胃腸に疲れを溜め込みやすい時期にも、そのダメージが肌に現れやすくなります。

また、乾燥した空気は、肌ダメージだけではなく、呼吸器系などにも大きな影響を及ぼします。喉や鼻の粘膜が乾燥すると免疫力が落ちるため、風邪を引きやすくなりますので、いろんな意味で、日頃から適正な湿度を保つように注意が必要ですね。ちなみに、一般的に言われる理想の湿度は45％～55％。私はひと部屋に必ずひとつ加湿器を置き、なるべく湿度を50％程度に保つよう気をつけています。そんな季節の肌ケアは、湿度に注意しながら、怠らずに日々しっかりと保湿しておくことが大切です。保湿パックで水分と油分をバランスよく補給し、うるおいのあるしっとりとしたつや肌になりましょう☆

09 リセットヘアスプレー

頭皮のかゆみやフケは、毛穴のつまりや乾燥が原因かもしれません。リセットヘアスプレーは、かゆみのある肌にも優しく働きかけてくれますので、１本あるとおすすめです。毎日のヘアケアにぜひ使ってみてください。

材料

精製水…80ml
スギナティンクチャー…5ml
ホホバオイル…10ml

精油　ジュニパー…2滴
ラベンダー…2滴
クラリセージ…1滴
ローマンカモミール…1滴

つくり方

1 消毒したスプレー容器（100ml）にホホバオイルを入れ、精油を加えてよく混ぜ合わせる。
2 精製水とスギナティンクチャーを加えてしっかり混ぜて完成。

使い方

頭皮のかゆみやフケが気になるときに、頭皮にスプレーしてよく揉み込むと症状の軽減に効果的です。２層に分かれているため、よく振り混ぜて使います。頭皮の脂漏予防や、かゆみ予防、頭皮乾燥予防、ヘアの強壮に良い精油のブレンドです。頭皮は経皮吸収率が高いため、お風呂あがりの濡れた状態でスプレーすると刺激が強すぎる場合があります。頭皮や髪が乾いた状態で使いましょう。３週間程度で使いきってください。

頭皮の健やかケアに。

10

ビューティーヘアクリーム

パーマやカラーでいたんでぱさつく髪におすすめのしっとりビューティークリームです。ホホバオイル、カカオバターがドライヤーの熱や日焼けから守り、痛んだ髪に働きかけて枝毛を防ぎ滑らかな髪にします。また、スタイリングクリームとしてヘアスタイルをゆるやかに保ちたいときなどにも。ヘアスタイルに強いホールド力が欲しいときは、ミツロウの量を増やして固いクリームにするなど調整も可能です。

材料

ホホバオイル…15ml
カカオバター…10ml
ミツロウ…4g

精油　オレンジスイート…3滴
イランイラン…2滴
パチュリー…2滴

つくり方

1 ホホバオイルとカカオバター、ミツロウを消毒したガラス容器(30ml)に入れて湯煎する。
2 ミツロウとカカオバターが溶けたら、湯煎から下ろし、よくかき混ぜ乳化させる。
3 クリームが固まってきたら、精油を加えてよくかき混ぜて完成。

使い方

お風呂から上がった後の濡れた髪の毛先や頭皮によく揉みこんで、ドライヤーなどで乾かします。冷暗所で保管し、2ヶ月以内に使いきってください。

※このクリームは髪のぱさつきやいたみも予防し、つや髪をつくりながらヘアスタイルも整えることができます。オイルとバターでトリートメント効果たっぷりで、髪の毛から香るアロマの香りは、リラクゼーション効果が抜群です。一度つくると手放せなくなりますよ！

手放せないヘアアイテムです！

11 グロッシー・ヘアトリートメントスプレー

スプレータイプのヘアトリートメントで、グロッシーなつやのある髪に！　忙しい朝のヘアスタイル前にシュッとひと吹き。ブロッコリーオイルは新しいヘアトリートメント剤としてオーガニックコスメ業界でも注目されています。ホホバオイルともにどちらも髪を優しく守る役目があり、ドライヤー前や紫外線対策にもすすめです。

材料

精製水…30ml
ブロッコリーオイル…10ml
ホホバオイル…10ml
食用酢…5ml

精油　ラベンダー…3滴
ゼラニウム…3滴
サイプレス…2滴
ローズマリー…2滴

つくり方

1 消毒したスプレー容器（100ml）にブロッコリーオイルとホホバオイル、精油を加えてよく混ぜ合わせる。
2 精製水と食用酢を加えてしっかり混ぜてできあがり。

使い方

ヘアスタイルをつくる際に、髪の毛にシュッと吹きかけて使います。特に毛先にはしっかり塗布すると、つやのある髪になります。冷暗所に置き、1ヶ月程度で使いきりましょう。

つやのある髪の毛をつくる！

TRIVIA

IV

マメ知識

シャンプーについて

　頭皮トラブルはシャンプーやリンスが原因かもしれません。市販のシャンプーやリンスには石油由来の化学物質がたくさん含まれています。シリコーンや合成ポリマー、合成界面活性剤、ケミカルの香料や防腐剤などを使っていないオーガニックコスメのものに替えると治りやすくなりますので、まずは使用しているものをチェックしてみましょう。自然の洗浄力のある石けん素材のシャンプーや酢リンスはおすすめです。また、カラーリングをしていない髪ならクレイシャンプーや、ハーブの粉で洗うハーブシャンプーもいいでしょう。頭皮にとって、一番大切なのは、界面活性剤の入ったもので洗いすぎないことです。私は5年ほど前から、お湯で髪をよく洗うだけの「湯シャン」に切り替え、数日に一度、ヘナやハーブの粉末を使ってシャンプーでの快適に生活しています。

　また、たとえオーガニックコスメのシャンプーやリンスであっても、切り替えた最初の頃は、ケミカルな成分で頭皮がいたんでいる状態のため、一時的に乾燥によるかゆみが強くなることがあります。しばらく経つと健康な頭皮に生まれ変わりますが、本書のリセットヘアスプレー（P.98）はこうした切り替え時のトラブルにもぴったりです。

万能ビューティーオイル

満月の日には、肌にたっぷり栄養を与え、しっかり保湿を心がけると、翌朝の肌が心なしかいつもよりうるおい、モチモチのつや肌になるように思います。月が満ちる日の特別スキンケアにはもちろんのこと、乾燥にもピッタリなホホバオイルを使った多くの美容法をご紹介します。つくり方はやさしいビューティーオイルですが、じつは使い方に極意あり。必ず1本つくり置きし、毎日のさまざまな用途に使っています。

材料

ホホバオイル…30ml
精油　ラベンダー
　　　ゼラニウム
　　　マヌカ
　　　イランイラン
　　　パチュリー…各2滴

つくり方

1　消毒した容器に、ホホバオイルと精油を加え、よく振って完成です。

使い方 ❶

週2回のディープクレンジングでうるうる肌に！

メイクを落とした後、湯船のなかで500円玉程度のオイルを顔になじませ、くるくるとフェイシャルマッサージ。中指と人差し指で小鼻の横、顎、こめかみなどの細かい部分をやさしく念入りに。すると、毛穴に深く落ちて残っていたメイク汚れや毛穴の黒ずみが溶け出します。お風呂あがりにホットタオルで軽く拭き取り、化粧水、クリームといつものスキンケアを。週1〜2回のディープクレンジングで肌のうるおいが格段にあがります。

使い方 ❷

髪の栄養補給！頭皮クレンジング＆ヘアパック

髪の乾燥やフケ、かゆみを防ぐのに効果的なおすすめの利用法です。ヘアカラー後の頭皮のダメージもやわらげてくれます。水でよくすすいだ髪の毛と頭皮に、たっぷりのホホバオイルをしっかりとなじませます。指の腹を使い、しっかりとヘッドマッサージします。そして濡らしたタオルをターバンのように巻き15分ほど置いた後、洗い流します。毛穴の汚れを掻き出し、頭皮に栄養を与えるため髪のつやとハリを蘇らせてくれます！

使い方 ❸

ウェーブヘアにぴったり！　ヘアオイル使い

ドライヤー前の濡れた髪や毛先になじませると、熱から髪を守ってくれダメージを防いでくれます。また頭皮にも少量揉みこむようにつけると、乾燥や抜け毛の予防におすすめです。ホホバオイル特有のロウ成分がソフトなヘアワックス効果があり、パーマなどのウェーブを綺麗に浮き立たせます。

使い方 ❹

手軽にリラックスできちゃうフェイシャルエステ！

化粧水でたっぷり保湿をした後、濡れた肌に3〜5滴程度のオイルをなじませます。両手を使って1分程度顔を包み込むように覆い、深呼吸します（ハンドプレス）。肌にうるおいを与えながら、大きなリラクゼーション効果のある方法です。週に1〜2回、夜のフェイシャルマッサージもおすすめです。ぜひお試しくださいね！

13 カカオハニー・リップバーム

唇は皮膚ではなく、じつは内臓の一部。唇が赤い色をしているのも、粘膜なので血管が透けて見えているからなのです。とてもデリケートな部分ですので、強い作用のあるものをつけると、かぶれたり色素沈着を起こしたりすることがあります。保湿作用の高いカカオバターは、天然の油脂で唇にも優しく、甘い香りでしっかりと潤わせますのでおすすめです。

材料

カカオバター…3g
ミツロウ…小さじ1/2
ホホバオイル…2ml
ハチミツ…小さじ1/5
精油　オレンジスイート…1滴
※オレンジスイートをペパーミントに変えてもとても美味しそうな香りを楽しめます。

つくり方

1 精油以外の材料を湯煎にかけてすべて溶かし、よくかき混ぜる。
2 湯煎からおろした後も混ぜ続け、全体が濁りはじめてきたら、精油を加え、スティック容器に移し固めて完成！
※ 計量にはコスメ材料屋さんに売っている計量スプーンを使うと便利です。

使い方

唇の乾燥が気になるときにスティック容器から出して使います。天然成分だけなので、保存は効きません。3ヶ月以内に使いきりましょう。

美味しそうな唇のために

グレイスミスト

14

春先は冬の間に蓄積された肌の乾燥とともに、花粉の刺激で肌荒れを起こしやすい時期。しっとりと肌を保湿しながら、呼吸をラクにし、花粉症の症状緩和を期待できる精油を使います。抗菌効果も高く、風邪予防や花粉症の症状をやわらげるために、マスクに吹きかけるのも、とてもおすすめです。

材料

精製水…80ml
日本酒…20ml
ハチミツ…小さじ1
ゴボウ…2㎝くらいの量

精油　ラベンダー…6滴
　　　ユーカリ…4滴
　　　ペパーミント…2滴
　　　ゼラニウム…2滴

つくり方

1 ゴボウをよく洗って天日で干し、カラカラに乾燥させたものを日本酒（100ml程度）に漬け込み、2週間くらい冷蔵庫に入れて保管します。漬け込みが終わったらゴボウを取り出して保存。
2 煮沸消毒したガラスのスプレー容器に、ゴボウを漬け込んでエキスを抽出した日本酒を入れる。精油を加えてしっかり混ぜる。（精油はアルコールに溶けますので、順番通りに加える）
3 ハチミツと精製水を加えて蓋をし、よく振ってハチミツを溶かしたら完成！
※ ゴボウの漬け込みが大変な場合は、シンプルに日本酒のみでつくっても問題ありません。

使い方

洗顔後の濡れた肌にたっぷりと塗布して、ゆっくりとハンドプレス。しっとりうるおいを与えて保湿します。花粉症対策には、マスクやティッシュにスプレーし、吸い込みながら深呼吸を繰り返します。辛い鼻づまりや呼吸のしづらさをやわらげてくれます。1ヶ月ほど保存できます。

※ゴボウは中国やフランスなどでは、食用ではなく薬として扱われているくらい、効能の高い野菜。日本でも炎症を和らげる生薬や外用薬として使われてきた歴史があります。かぶれや肌荒れ予防、ニキビの改善にも効果が期待できます！　日本酒の麹酸効果で美白にも◎。

花粉症対策にも！

15 ベビーパウダー

マイルドな抗炎症作用があるラベンダーと、水分や不要物を吸収する働きがあるクレイを組み合せた手軽にできるパウダー。ホワイトクレイは雑菌の繁殖を防ぎ、肌をさらさらとした状態に保つことができます。あかちゃんのおむつかぶれなどにも最適です。

材料

ホワイトクレイ…大さじ5　　ドライラベンダー…小さじ1

つくり方

1 ホワイトクレイに湿らせたドライラベンダーを加え、よく混ぜ合わせる。

使い方

コットンパフなどを使い、ぱたぱたと肌につけましょう。雑菌の繁殖を防ぎ、心地良いさらさらの状態を保ちます。あかちゃんのおむつかぶれにはお尻を拭いた後、植物オイルを軽く塗ってから使用すると良いでしょう。湿度の少ない冷暗所で密閉容器に入れておけば半年程度、保存できます。

※赤ちゃんのおむつかぶれは、排泄物がお尻に長時間密着するために起きる症状です。ハーブのやさしい作用で皮膚の蘇生を助けることで、しだいに炎症がおさまります。スギナやラベンダーなどの伝統的な薬草ハーブを使ったティンクチャーを水で薄めて、おしりふきに使ってみましょう。または、煮出したハーブティーも、おしりふきに良い効果があります。殺菌効果が強すぎないうえに、ハーブのもつ効能が皮膚の再生を助けます。市販のアルコール殺菌シートのようにかぶれにしみたりせず、毎日使っても安心です。

ストレスとの上手なつき合い方

ストレスは肌トラブルの大きな原因になるので、精神的にも美容的にもあまり感じずに、または感じてもすぐに解消できるのが理想的です。

そこで、日々の環境の変化に多少のストレスを感じても、すぐにありのままの自分自身に戻ることのできる方法をご紹介いたします。

新しい物事を開始するときには、誰でも高い目標を設定し、気分を盛りあげて張り切ることが多いですよね。しかし、上げすぎたテンションをそのままキープしておくことは、誰にとっても非常に難しく、更には「上げたものは、必ず下がる」という法則があるのです。

アクセル全開で向かったその勢いは、そのままずっと続くわけではありません。なぜなら、人はいつまでもフルスロットルで、頑張り続けることはできないからです。そのことを、まずは頭で理解しておくことが大切です。そして、知らないうちに過度に頑張りすぎないように、自分自身を落ち着いて見つめる時間を決めておくことです。

とはいえ、知らず知らずのうちに、つい頑張りすぎてしまう方も、いらっしゃいますよね。そういうときは、考え方のクセに目を向けるようにしてみましょう。毎日のやることを考えるときに、「〜ねばならない」というような言葉を頻繁に使っていたら、要注意。自分に厳しすぎて、過度にプレッシャーをかけているかも知れません。まずは、誰よりも自分自身に優しく接することが大切です。そして、あなたが自分にとって、誰よりも一番の理解者になってあげることです。

自分自身に優しくする一番簡単な方法は、毎日の朝晩のスキンケアの時間を使うこと。化粧水やオイルを塗布するときに、両手でお顔に触れますよね。そのときに、目を閉じて、ゆっくりと数回深呼吸しながら、自分自身に愛の言葉を語りかけましょう。「大好きよ」「愛してるよ」「今日もお疲れ様」……。心がじわりと温かく、嬉しい気持ちがこみあげるまで、ゆっくりと丁寧に自分と向き合うことが大切です。

毎日のケアの時間に、じっくり自分に語りかけることで、次第に心がストレスから開放されてほぐれていくでしょう。さらには毎日の小さな幸せを見逃すことなく、しっかりと感じる力を養うことができます。

いつも幸せだなぁと感じながら過ごしていると、内面からの輝きが顔だけでなく全身から溢れ出るようになり、気づけばつややかなうるおいのある肌になっていることでしょう。どうぞお試しくださいね。

その

massage 09

マッサージ編

体を慈しんで
マッサージするひとときは、
あなた自身への何よりものねぎらいの時間。
愛情を込めて
ゆっくりとマッサージしましょう。

01

デトックス・マッサージオイル

体のむくみや、内臓からくる体のだるさを感じたときにおすすめのレシピ。体にマッサージなどの刺激を与えると、リラクゼーション効果とともに、体内のリズムを整えることにもつながります。余ったオイルはお腹に塗布すれば内臓の疲れを癒したり、新陳代謝を活性化させるのにも効果的です。デコルテや首、肩に塗布して老廃物の流れやすい状態にすると、リラックスして眠りにつくことができます。またキャスターオイルがしっかりと保湿してくれるため、乾燥部分にもおすすめです。

材料

ホホバオイル…30m
キャスターオイル…10ml

精油　ジュニパー…3滴
グレープフルーツ…3滴
ゼラニウム…2滴

つくり方

1 煮沸消毒した瓶にホホバオイルとキャスターオイルを入れる。
すべての精油を加え、よく混ぜて完成。
2 ドロッパーやスポイトのついた遮光瓶に入れておくと便利です。

使い方

使用前はよく振ってください。入浴後に体に水滴のついた状態で、下から上によくマッサージしましょう。マッサージ後は代謝がよくなるので、白湯など温かい水分を多くとり、リラックスして過ごすように。湿度の低い冷暗所で保存し、2ヶ月以内に使いましょう。

かかとのケアにも!

02

チョコレート・ボディクリーム

甘い香りに体も心も大満足するカカオを使ったボディクリームです。カカオバターやカカオパウダーは、ポリフェノールが豊富で肌の引き締め効果や抗酸化作用に優れ、ビューティーエイジングに効果的。またフェヌグリークパウダーは媚薬効果があるうえ、乳腺の発達にも効果的なので、バストアップのマッサージにおすすめです。

材料

ホホバオイル…30g
カカオバター…10g
ミツロウ…5g
フェヌグリークパウダー
…小さじ1/2
カカオパウダー…大さじ1
精油　パルマローザ…2滴
　　　ペパーミント…1滴
　　　ローズマリー…1滴
　　　イランイラン…1滴

つくり方

1 カカオバターとホホバオイル、ミツロウを消毒したガラス容器(50ml)に量り入れて湯煎にかけてよく溶かす。
2 全部溶けたら湯煎から外し、粗熱がとれるまでよくかき混ぜる。
3 表面が少し固まってきたら、フェヌグリークパウダーとカカオパウダーを加えてよく混ぜる。
4 さらに固まってきたら精油を加え、均一になるようによくかき混ぜる。
5 テーブルなどに容器を数回打ちつけて空気を抜き、熱が冷めてから蓋をする。固まりにくい場合は、冷蔵庫で1時間程度冷やす。

使い方

クリームを手にとって手のひら全体で温め、クリームが溶けてきたら乾燥の気になる部分や体全体に塗ります。また、お風呂あがりの体が温かいうちに、バスト周りに塗布してマッサージすると、乳腺を刺激しバストアップにも効果的です。湿度の低い冷暗所で保存し、3ヶ月以内に使いきりましょう。

※カカオバターはオレイン酸が豊富で、水分をしっかりと保持する力があるため、うるおいの膜をつくります。角質層を柔らかくして皮膚の乾燥や荒れを防ぐほか、紫外線から守る効果があるため、日焼けの予防にも効果的。

媚薬効果でバストアップも!

03

デリシャス・ボディスクラブ

体がとても脂っぽかったり、背中にニキビのある場合、また毛穴の黒ずみが気になるときには、収れん作用のあるカカオとコーヒーとシュガーのゴマージュがおすすめです。ミネラルと保湿作用がたっぷりな黒砂糖を使ったゴマージュは、香りがとても心地よく、肌もしっとりすべすべに。くすみが取れて、肌のトーンも一段上がって嬉しい、とても美味しそうな香りの全身に使えるゴマージュです。

材料

黒糖（粉末）…大さじ2
挽いた粉コーヒー…大さじ1
カカオパウダー…小さじ1
マカダミアナッツオイル…大さじ2
バニラティンクチャー…小さじ1/2

つくり方

1 すべての材料を混ぜ合わせて、完成！

使い方

バスタイムに肌が濡れた状態で使用しましょう。優しく体に塗布してマッサージ！　その後はシャワーで洗い流しましょう。保存ができないので、必ず1回で使いきりましょう。

カカオ & コーヒー & シュガーだけ！

マイルドアップルゴマージュ

リンゴに含まれる酸の働きで、肌の古い角質をゴシゴシとこすらなくても、無理なく自然に取り除く肌に優しいゴマージュです。かかとやひじなどの古い角質が多い部分はもちろんのこと、お顔や首、デコルテなど全身のボディケアにも使えます。すりおろしたリンゴの繊維でやさしくスクラブして洗い流しましょう。くすみが取れると共に、肌にハリが蘇ります。

材料

リンゴ…1/4
グリーンクレイ…大さじ4
精製水…大さじ2
ハチミツ…小さじ1
ホホバオイル…小さじ1

つくり方

1 容器にグリーンクレイを入れ、精製水とすりおろしたリンゴを加えて5〜10分おいてクレイに水分を浸透させる。
2 ハチミツとホホバオイルを加え、よく混ぜ合わせて完成。

使い方

全身に使う際には、バスタイムに使用すると洗い流すだけなのでおすすめです。保存ができませんので、必ず1回で使いきりましょう。

※リンゴのある季節は、角質の溜まりやすい時期でもあります。リンゴ酸を利用したケアは古くからありますが、まさに自然界の英知を知った、先人たちの知恵なのでしょうね。

05 アロエソルトスクラブ

かかとのケアにも！

硬くひび割れたかかとや、カサカサのひじは、女性として避けたいもの。肌を柔らかくする作用のあるレモン精油を加え、なめらかなかかとやひじになりましょう。自然のスクラブ効果で、古い角質を優しく取り除いてくれるので、かかとだけでなく全身にも使えます。またストレスを軽減し、いらない感情を浄化してくれる力のあるといわれる昔ながらのレシピです。すっきりリフレッシュして、毎日を新しい気持ちで迎えましょう！

材料

アロエの葉…2枚
天然塩…500ml
（アロエが隠れるくらいの量）
ハチミツ…大さじ4
精油　レモン…5滴

つくり方

1 ガラス容器に小さく切ったアロエの葉と天然塩を加えてよく混ぜると水分が出てくる。
2 さらに隠れるくらいの天然塩を加え、ハチミツと精油を加え混ぜる。１週間ほど冷暗所で保管し、とろみがついたら完成。

使い方

バスタイムを利用して、体の角質ケアに使いましょう！　アロエジェルの染み込んだ塩で全身のマッサージ。全身を軽く刺激しながら、古い角質を落としてくれます。冷暗所で１ヶ月保存できます。

06

ハニーレッド・ボディスクラブ

ハイビスカスの赤い色が可愛いスクラブです。体の余分な角質を取り除き、つやつやの肌に！
栄養満点なハチミツとハイビスカスで、しっとりと保湿しながらメラニンの増殖をおさえます。また天然塩で優しくゴマージュすることで、肌をひきしめます。
ラベンダーのリラックス＆鎮静作用、ベルガモットの肌を柔らかくする効果で、透き通る白い肌に。

材料

天然塩…3カップ
精製水…大さじ1
卵白…1個分
ハチミツ…大さじ3
ホホバオイル…大さじ3
ハイビスカス（ドライ粉末）…適量
精油　ラベンダー…6滴
　　　ベルガモット…3滴

※天然塩はミネラル分が豊富な粗塩や死海の塩、雪塩などの粒子の細かい塩などがおすすめです。

つくり方

1 材料を全部容器に入れ、よく混ぜ合わせる。
2 混ぜ終わったら冷蔵庫に入れ、2時間程度寝かせて完成。

使い方

お風呂に持ち込む容量だけ取り出し、お風呂からあがる直前に体に塗って軽くマッサージして使います。乾燥肌や敏感肌の人は、そっとなでる程度にしましょう。マッサージ後は、シャワーで洗い流します。肌が弱い人は、乳鉢ですって使いましょう。冷蔵庫で保存し、2ヶ月以内に使いきりましょう。

07

オレンジピールボディシュガースクラブ

オレンジの香りは明るさと元気を取り戻し、心身ともにリラックスへと導いてくれる、日常生活に欠かすことのできない必須アイテムです。オレンジピールにはフルーツ酸が含まれており、余分な角質を優しく浮かせて落とす助けをしてくれます。また、黒砂糖のミネラルやココナッツオイルが肌を柔らかくし、常在菌たちの良質なエサとなります。日常使いでしっとりとしたうるおいある肌をつくります。

材料

黒砂糖…1カップ(240ml)
ココナッツオイル…1/2カップ
ハチミツ…大さじ1
オレンジの皮…大さじ1
精油　オレンジスイート…4滴

つくり方

1 ボールに黒砂糖、ココナッツオイル、ハチミツを入れる。
2 オレンジの皮をおろし機で削って加えて、精油とともにしっかりと混ぜ合わせたらできあがり。

使い方

バスタイムに、濡れた肌へたっぷり塗布して、優しく角質をゴマージュするように使いましょう。その後ぬるま湯で洗い流します。すべすべの肌になるとともに、しっとり潤いの続く、吸いつくような極上の肌をつくります。冷蔵庫で保存し、2ヶ月以内に使い切りましょう。

オレンジの香りで気力 UP!

08

ストマック・リフレッシャークリーム

胃もたれやむかつきの一番の原因は食べ過ぎによるもの。また、ストレスや過労によって、気づかないうちに胃腸の働きが鈍ることがあります。水分の取りすぎも胃酸が薄まり、消化不良の原因に。胃はとても正直な臓器で、体や心の異常に素直に反応します。胃もたれや消化不良、食欲不振は疲れのサイン。疲れがみえたら精油をブレンドしたオイルやクリームをお腹に塗布し、優しくマッサージすることで内臓の動きが正常に戻り、免疫力が上がり回復が早まります。

材料

ホホバオイル…44ml
ミツロウ…6g

精油　ローズマリー…3滴
マジョラム…3滴
バジル…2滴
ペパーミント…2滴

つくり方

1. 消毒したガラス容器（50ml）にミツロウとホホバオイルを入れて湯煎にかけながらよく混ぜる。
2. 混ぜ合わせてクリームが冷めてきたら、固まる前に精油を加えて再びよく混ぜる。
3. 空気を抜くために、テーブルなど平らな面で軽く容器の底を打ちつける。
4. 熱が冷めたら蓋をしてできあがり。

使い方

胃を中心に少量塗り、時計回りにやさしくなでるようにマッサージ。胃がスッキリと整い健康な状態になることをイメージしながら行います。湿度の低い冷暗所で保存し、3ヶ月以内に使いきりましょう。

※精油の濃度が高いので、顔には使用せず、お腹など部分的に使います。敏感肌の人はパッチテストを行ってください。

イメージングワークとセットで！

09

マルマヒーリングクリーム

長時間、テレビや携帯、パソコンに向かうなど、目を酷使することが多い現代、首や肩のつけ根や膝の痛み、頭痛、腰痛などの悩みを抱えている人が多くいます。そんな人にぜひ試してほしいのが、このマルマヒーリングクリーム。マルマとはインドで「急所（つぼのような感じ）」を意味する言葉。違和感のある部分に塗ると、血流を良くするスパイス精油や薬草オイルの相乗効果で、ポカポカと温かくなり、いつの間にか痛みがやわらいでいきます。薬草の作用が強いため、あまり広げずにピンポイントに塗り込みましょう。

材料

ホホバオイル…10ml
セントジョーンズワートオイル…10ml
キャスターオイル…5ml
ミツロウ…5g

精油　ジュニパー…3滴
ラベンダー…3滴
ユーカリ…3滴
ペパーミント…2滴
ジンジャー…2滴

つくり方

1 消毒したガラス容器（30ml）にミツロウとホホバオイルを入れて湯煎にかけ、ミツロウを溶かす。
2 ミツロウが溶けたら湯煎からおろし、セントジョーンズワートオイルとキャスターオイルを加えてよく混ぜる。
3 クリームが固まり出したら、精油を加えてよくかき混ぜる。
4 テーブルなどに容器を数回打ちつけて空気を抜き、熱が冷めてから蓋をする。

使い方

肩や首、腰などのこりや疲れが気になる部分に塗布し、しっかりと揉み込みます。血流が良くなり、痛みや違和感がやわらぎます。湿度の低い冷暗所で保存し、3ヶ月以内に使いきりましょう。

体は魂の神殿です。

私たちの体は、魂の入れ物＝神殿でもあります。自分の本当にやりたいことや夢がある場合、その原動力は、健康な体からつくり出されます。ですから、体をいたわり、体の声に耳を澄ませてあげることは、とても大切なこと。そのために、毎晩のバスタイムを活用してみましょう。

お風呂のなかで自分の体をなでながら、「お疲れ様」「今日もよくがんばったね」と優しく話しかけてみてください。自分自身に語りかけることは、意識をしないとなかなかできないもの。

この語りかけで、あなたの心は、どのような気持ちになるでしょうか。（とっても疲れているな）（もっといたわってあげよう）そんな気持ちになったなら、「いつもありがとう」「大好きよ、愛してるよ」そうあなた自身にお礼を伝え、愛情いっぱいに抱きしめてあげましょう。

まずはあなたが一番に、自分をたっぷり愛して、誰よりも先に深く信じてあげること。それがストレスの軽減につながり、トラブルのない健康的なつや肌になる秘訣です。

その4

リフレッシュ編

リフレッシュするということは、
あなたのまとうエネルギーだけではなく、
身の回りの空気感までもが
ガラリと変化を遂げることです。

浄化力の高いお酒や天然塩、クレイなどは、
今のあなたに不要なものを
やさしく取り除いてくれるでしょう。

refresh 11

01

リフレッシュ・デオドラントスプレー

弱アルカリの性質をもつ重曹は、雑菌の繁殖を防ぎ、匂いを吸収してくれます。また、抗菌作用のあるペパーミントやレモン、サイプレスの精油を加えることでさらに効果アップ。サイプレスには森林浴のリラクゼーション効果をもたらすフィトンチッドが豊富に含まれるため、夏の蒸し暑い季節も爽やかに乗り越えられるでしょう。

材料

精製水…50ml
重曹…小さじ1
ホワイトクレイ…小さじ1
スギナティンクチャー…5ml

精油　サイプレス…5滴
　　　ペパーミント…4滴
　　　レモン…3滴

つくり方

1 消毒したガラスのスプレー容器（60ml）にスギナティンクチャーと精油を入れてよく混ぜる。
2 重曹とホワイトクレイ、精製水を加えてよく振り混ぜる。

使い方

クレイは底に沈むため、使うときによく振りましょう。
汗をかきやすい脇の下や蒸れやすい足など、体の匂いの気になる場所に使いましょう。湿度の低い冷暗所で保存し、2ヶ月以内に使いきりましょう。スプレー容器がつまる場合、ロールオンタイプの容器がおすすめです。

※殺菌作用とともに高い消臭効果があり、悪臭を防ぎます。タバコの臭い消しや、下駄箱やトイレなどの消臭にもとてもおすすめです。

暑い季節に最適！

汗をかくということ
— 1 —

通常かく汗（エクリン腺）にはもともと臭いがありません。しかし、脇の下や耳の後ろなどの限られた場所からの汗（アポクリン腺）には脂肪や鉄分、色素、アンモニアなどが含まれています。その汗が皮脂と混ざり酸化すると雑菌が繁殖しやすく、菌が独特の臭いをもつ物質をつくり出します。また、肉食中心の生活をしていると、動物性脂肪がアポクリン腺の働きを活発にするため、臭いが強くなりやすい傾向があります。

制汗剤として市販されているケミカルコスメの有効性成分には、アルミニウムの合成成分や酸化アルミニウムなどのアルミニウム塩が使用されています。これらの成分は、毛穴を塞いで汗や体臭を止める働きがあります。しかし、これらを使うことで、本来、汗と一緒に体から出ていくはずだった老廃物が、行き場を失ってしまいます。

また、汗腺は汗をかき体温の調整をしていますので、その機能自体が阻害されることになります。特に脇は多くのリンパ節が集まるとても大切な排泄ポイントですから、汗をかけなくすることは、体にとって大きな負担になってしまいます。

02 デオドラント＆ボディパウダー

コナッツオイルはバクテリアの繁殖を防ぐ効果があり、さらに重曹は汗の匂い成分と逆の性質をもつので、気になる部分に薄く塗ることで匂いを中和してくれます。肌と体にやさしく、汗の匂いを消臭するうえに、ふんわり良い香りのするデオドラントです。ムダ毛処理をした後の肌にも。

材料

ココナッツオイル…大さじ4
重曹…大さじ2
コーンスターチ（澱粉）…大さじ2
ホワイトクレイ…小さじ2
精油 ローズマリー…2滴
セージ…2滴
ペパーミント…1滴

つくり方

1 すべてをよく混ぜて、清潔なガラス瓶に入れて完成。

使い方

少量を取り出して、脇の下や匂いの気になる所に塗り込みます。また、手にとってムダ毛処理後の肌にのせます。サラサラするまでなでることで、毛穴のつまりや広がりを防いでくれます。

心地良い香りのサラサラボディ!

03

パインエナジールームスプレー

元気が沸き出るルームスプレーです。スギナティンクチャーで雑草の力強さを体中で感じましょう。適度なストレスや緊張、心地の良い疲労感は、心身にメリハリを与えてくれます。でも、昼夜を問わず活動し、パソコンやインターネットで目を長時間にわたって酷使する生活は、疲労と緊張が長引きする。これでは心身のバランスを崩してしまうことにもなりかねません。夜はリラックスタイムに当てて、本来の生活リズムを取り戻すことで、日中にイキイキと活動することができます。普段使いのアイテムのひとつに活用してみてください！

材料

精製水…60ml
ローズ芳香蒸留水…20ml
ラベンダーティンクチャー…20ml

精油　パイン…10滴
　　　ベルガモット…5滴
　　　ラベンダー…3滴
　　　ユーカリ…2滴

つくり方

1. 消毒したガラスのスプレー式遮光瓶（100ml）に、ラベンダーティンクチャーと精油を加えてよく混ぜる。
2. 精製水とローズ芳香蒸留水を加えてしっかりと振り混ぜ完成。

使い方

疲労回復効果の高いパイン精油を使ったブレンドは、使いたいときにいつでもシュッとスプレーし、エネルギーをチャージしてくれます。保存は冷暗所で2ヶ月程度。オリが出たり変な匂いがしたら、使用を中止してください。

元気が湧き出るルームスプレー

04

スマッジング・クリスタルウォーター

部屋の空気が澱んでいるなと感じたときや、リフレッシュしたいときに最適なスプレー。アメリカの先住民の伝統的な浄化ハーブのセージと、浄化の作用をもつクリスタルクォーツ（水晶）のパワーを加えているので、いつでも好きなときに、空気を澄んだ状態に整えることができます。また、石の特別なパワーを味方につけることで、お部屋の浄化や瞑想を今まで以上の特別なセレモニーへと導いてくれます。

材料

ローズ芳香蒸留水…40ml
ラベンダー芳香蒸留水…30ml
ローズティンクチャー…10ml
クリスタルクォーツ（さざれ）…数個

精油　セージ…8滴
ラベンダー…3滴
フランキンセンス…3滴
ペパーミント…2滴

つくり方

1. 消毒したガラス製の遮光瓶（100ml）にローズティンクチャーと精油を加えてよく混ぜ合わせる。
2. 芳香蒸留水とクリスタルクォーツを加えて完成。

使い方

いつでもお部屋の空間にシュッとスプレーします。また、スッキリしたいときに頭の上30㎝くらいの場所からシュッとスプレーして全身に振りかけ、オーラをクレンジングします。落ち着かないときなど、気持ちの切り替えにも最適です。冷暗所に保管し、なるべく早めに使いきりましょう。

※新月の日につくると月のエネルギーを蓄えることができ、スプレーすることでそのエネルギーをいただけるので、さらにおすすめです。使い終えたクリスタルクォーツは、感謝の心とともに流水で洗い流し、石から不必要なものが流れ出て行くのをイメージします。その後、太陽の光に10〜30分程度あてて、エネルギーをチャージさせます。そして、お皿に塩を盛り、そのなかに埋めて少しの間ゆっくり休ませてあげましょう。

05 デトックス・ハーバルバス

日本酒や天然塩は体を温め発汗させる作用が高いため、しっかりデトックスでき、体を清めてリセットするのに最適です。日本酒×塩×ハーブのトリプル効果で、しっかりデトックスすることで、気持ちをいつでもリセットすることができます！

材料
日本酒…250ml
天然塩…大さじ2
お好きなオーガニックハーブ…各大さじ1
※リセット効果の高い、ローズマリーとカモミール、ラベンダー、セージなどのハーブがおすすめです。

つくり方
1 オーガニックハーブをお茶パックに入れ、すべてをお風呂に入れて入浴するだけ。

使い方
お風呂からあがるときはかけ湯をしないようにし、軽くタオルで水分を拭き取るだけにするのがおすすめです。アルコールや塩分に肌の弱い方は、入浴後にしっかり洗い流してください。

心も体もエネルギーリセット！

※代表的なハーブとして、ローズマリーやカモミールがあります。まるで森林にいるような清々しい香りのするローズマリーは、疲労回復効果や、強壮、精神安定作用や浄化作用も高く、心身のリセットに最適です。カモミール（ジャーマン種）には、古くからさまざまな疫病を防ぐ魔法の薬草として世界中で重宝されていた歴史があります。ニキビ、しもやけ、湿疹などの肌の炎症を改善する効果があります。また体を温める作用が高く、デトックスに最適です。

TRIVIA

VI

マメ知識

汗をかくということ
— 2 —

制汗剤に含まれるアルミニウム成分は、一般的に皮膚を刺激するだけではなく、汗腺から体のなかに入り体内に蓄積され、有害な神経毒となります。WHO（世界保健機構）は、アルミニウムがアルツハイマー病に関連していると指摘しています。さらに海外の大学研究機関では、脇の下にアルミニウム入りの制汗剤を定期的に使用し続けることが、乳がんへのリスクを高めると発表しています。 汗をかくことは自然なことですから、「汗を止める」のをやめることを強くおすすめします。

消臭（デオドラント）剤には、毛穴をふさいで汗を止める働きはありません。しかし、市販の消臭剤には化学合成成分が多く含まれていますので、アレルギーや発がん性のある成分をリンパ節の多い脇の下に使うのはとても危険です。

ナチュラルコスメのデオドラント成分には、香りを吸着させる重曹や水分を吸収し雑菌の増殖を防ぐクレイなどを利用します。汗をかき、体から毒素を出すことは、自然な体の機能です。これらの体の働きを妨げることなく、殺菌作用のある精油を使い、ナチュラルコスメをつくりましょう。

06

スピリチュアルアロマ香水

幸せを感じるのに一番効果的な方法が「香り」です。香りは内なる神の意識と現実的な考え方、感情を感じる表層意識をつないでくれる役割があります。願いを込めたスピリチュアルなアロマ香水で、直観を研ぎすまして、自分自身の本当に引き寄せたい夢や可能性を呼び覚ましましょう。

材料

ウォッカ…10ml
（もしくは、ホホバオイル）

直観で選ぶ精油・計…20滴
（ガラスアトマイザー容器）

つくり方

1 ガラス製のアトマイザーに、ウォッカを少量入れる。
2 精油を加える。（香りの強いものから順に15〜20滴）。
3 残りのウォッカ（オイル）を8〜9割加えて、よく振り混ぜる。
4 3週間程度熟成させる。（ときどき軽く振る）
※ すぐにでも使えますが、ある程度の熟成期間をおくと、ウォッカの場合はお酒のツンとした刺激がとれてきます。また香りも調和されて、全体の香りもまろやかになります。

使い方

瞑想をして、あなたの夢を具体的に思い浮かべましょう。そして実際に願いが叶ったときの情景をリアルに浮かべて、すでに叶っていると感じながら、精油を手に取り、好きな香りを選んで調合します。願いはボトルや手帳に書いておきます。使うときには、願いが叶った気分にひたり、幸せな気持ちになりましょう。手づくり香水は6ヶ月程度を目安に使いきってください。肌に合わない場合は、ルームスプレーなど、芳香浴としてお使いください。

※香りは五感のなかで、最も脳に近い感覚器で受容されます。それは眉間の奥にある第三の目と呼ばれる部分に位置している嗅球という感覚器で、意識の変化やスピリチュアルな変容に関わりのある場所です。肉体や精神にも直接的に働きかけます。あなたの願いを込めてつくった世界にひとつのスピリチュアル香水で、直観を研ぎすまし、自分自身の本当に引き寄せたい夢や可能性を、現実に呼び覚ましましょう。

夢や願いを叶える！

TRIVIA

VII

マメ知識

宇宙にリクエストを届ける香り

ひとつの香水には平均して50〜200種類もの香料が含まれています。更に、それらの香料はまた何百という香りを構成する成分からなっています。莫大な種類の成分が複雑に組み合わされることで香りができあがるため、その成り立ちの面から見ると、似た香りはないといえるでしょう。基本的に天然の香料はその希少性から高価なため、市販の製品には主に化学的な調香がよく行われています。

好きな香りは自分の可能性、魅力を目覚めさせてくれます。嫌いな香りは自分が向き合いたくない部分や、認めたくない真実を示していることも。避けたい香りも好きな香りとブレンドして使うと、向き合いたくない自分自身を自然な状態で受け入れられ、しなやかに変容・覚醒しやすくなります。ただし無理して使う必要は全くありません。受け入れられるタイミングがきてから、感謝して使うのが一番。感覚を研ぎすまして選んだ精油ブレンドで至福を感じる自分だけの特別な香りが完成です。日々香水をつけることであなたの願いを叶えましょう。

07

おにぎりバスボム

バスボム入りのお風呂のお湯はとてもまろやか。さらには角質が柔らかくなり、スキンケアにも最適です。重曹とクエン酸が、風呂桶の湯垢もつきにくくしてくれるため、お掃除も簡単になります。

材料

重曹…小さじ8
コーンスターチ…小さじ8
クエン酸…小さじ4
ホホバオイル…小さじ1/2
シナモンパウダー（食用）…小さじ1

精油　ジュニパー…3滴
　　　パイン…2滴
　　　ラベンダー…2滴

つくり方

1. 適当な大きさの容器のなかで、ホホバオイルに精油を加えてスプーンで軽く混ぜる。
2. これに分量の重曹、コーンスターチを量り入れ、さくさくとかき混ぜ、オイルを粉にしっかりと混ぜ合わせる。
3. 更に分量のクエン酸、色づけにシナモンパウダーを小さじ一杯を入れ、同様に色が均一になるように混ぜる。
4. 縦横20㎝大の大きさにラップを広げ、霧吹きで水分を吹きかけたら、材料を包み力を入れて丸める。
5. 全体がポロポロの状態だったら、ラップを広げて全体に水をもうひと吹きし、少しずつ水分でしめらせ状態を見ながら固めていく。
6. 数時間〜1日、固くなるまで乾燥させれば完成！

使い方

材料を混ぜ合わせて握るだけで、しゅわしゅわバスボムの完成です！お子さんと一緒におままごとのように遊んでつくるのも楽しいですよ！

しゅわしゅわ楽しいバスタイム！

アロマ足浴

08

全体のむくみや足の疲れ、だるさがひどいときにおすすめの足浴です。精油とクレイを使った足浴はむくみを軽減するのに役立ちます。水分過多を調節してくれるサイプレスとジュニパーの精油を使います。このレシピにプラスしてスライスしたジンジャーを入れると、足から全身がポカポカしてきます。

材料

グリーンクレイ…大さじ2
ラベンダー水…大さじ1
お湯…適量
スライスジンジャー…1〜2枚
精油　サイプレス…1滴
　　　ジュニパー…1滴

つくり方

1 深めの洗面器などに40〜48℃台くらいの熱めのお湯を入れて材料を加えて混ぜ合わせてできあがり。

使い方

ふくらはぎまでつかるような深めの入れ物で足湯します。ぬるくなったらお湯を継ぎ足しながら20分程入ります。妊娠後期のむくみ解消にも役立ちます。つくったらその日のうちに使い切りましょう。

※足のむくみにやだるさには、アロマの力を借りたアイテムでマッサージケアもおすすめです。足をよく温めて代謝を上げ、フットジェルでふくらはぎなどをやわらかくしたら、足裏のマッサージ（リフレクソロジー）もぜひ行ってみてください。疲れの取れ具合が変わってきます。青竹踏みなども足裏のツボが刺激されて代謝が促されます。また、くるぶしのタイケイ（太谿）やサンインコウ（三陰交）と呼ばれるツボを冷やさないようにレッグウォーマーをして足を高くして眠ると、翌日格段にむくみがやわらぎます。

冷え性も改善！

09

オールマイティ消臭パウダー

匂いを吸着する重曹の特徴を利用して、脇の匂いや足の匂いを消臭しましょう。また、トイレや靴箱など匂いの気になる場所にパウダーを置くと、匂いを吸着しながら精油の香りを放ってくれるため心地良い空間となります。

材料

重曹…100g
ホワイトクレイ…50g

精油　セージ…5滴
ローズマリー…5滴
イランイラン…3滴

つくり方

1 煮沸消毒したガラス容器に重曹とクレイと精油を加え、よく混ぜ合わせる。

使い方

少量を手に取り、匂いの気になる部分に量を調節しながら直接つけましょう。靴のなかなど、汗が残りやすく雑菌のわきやすい場所に振りかけておくと、靴の匂いもしっかり消臭してくれます。使用後は湿度の低い冷暗所で保存しましょう。ボディパウダーとして体に使う場合は、なるべく早めに使いきりましょう。設置の場合は、匂いがしなくなったら取り替えましょう。

消臭＋芳香＝心地良い

10

ハウスキーピングスプレー

匂いの気になる場所の殺菌に、ハウスキーピングスプレーを使いましょう。キッチンにあるもので簡単につくれます。台所など水回りの掃除はもちろんのこと、アンモニア臭も防げるのでトイレ掃除にも使えてとても重宝します。

材料

精製水…50ml
ラベンダーティンクチャー…30ml
食用酢…15ml

精油　ユーカリラディアタ…5滴
レモン…4滴
ティートリー…3滴
ラベンダー…2滴

作り方

1 消毒したガラスのスプレー容器（100ml）にラベンダーティンクチャーと精油を入れてよく混ぜ合わせる。
2 食用酢と精製水を加えて、しっかり混ぜ合わせてできあがり。

使い方

玄関マットやトイレマット、カーテンなど布類にシュシュッとふりかけるだけで雑菌や匂いをカットすることができます。お掃除スプレーとしても使えますので、スプレー片手に雑巾を持ち、シュッとスプレーして拭いてみてください。洗面所の鏡をこれで拭くと、気持ちが良いくらいピッカピカに磨くことができますよ！　台所は温度があがりやすい場所なので、置いたままにするといたみやすいので要注意。冷蔵庫や冷暗所で保存し、1ヶ月程度で使いきるように。

※食用酢の匂いが気になる場合は、食用のクエン酸（粉末）でも代用可能。
その場合、クエン酸は小さじ1を加えてつくります。

11 オレンジエッセンス・クレンザー

なかなか取れない頑固な油汚れや、トイレなどの水周りの掃除におすすめのアロマ洗剤です。重曹を味方につけて、環境にやさしい掃除を心がけましょう。毎日の生活のなかで、日々利用している洗剤などの日用品は、肌にもやさしいものを使いたいですね。ナチュラル素材を生活に活かして、健康そして安心・安全な環境をつくりましょう！

材料

重曹…250g
精油　オレンジスイート…10滴
　　　レモングラス…5滴
　　　ティートリー…5滴
　　　ラベンダー…5滴
　　　レモン…5滴

つくり方

1 蓋のできるガラスの密閉容器に重曹を入れ、精油を垂らしてよく混ぜ合わせて完成。

使い方

スポンジやブラシに直接つけて軽く磨いた後、ハウスキーピングスプレー（P.143参照）を吹きつけ、しっかりと水拭きします。水垢などもきれいに取れるため、新品同様の輝きを取り戻すことができます！

スプレー&クレンザーともに、冷暗所に置いて、なるべく1ヶ月以内に使いきりましょう。クレンザーは長時間そのままにしておくと乾燥して固まってしまうため、蓋をして保存してください。

スプレーとセット使いがおすすめ！

ナチュラルコスメと暮らす

CHAPTER

IV

幸せが広がる瞑想セラピー

植物を使ったスキンケアと一緒に、
日々訪れる多くの喜びに気づきやすくなるための
瞑想を毎日の生活に取り入れてみましょう。
喜びや幸せな感覚が広がると
内側から輝きだし、あなたの存在を
より生き生きと、美しくしてくれるでしょう。

その一

姿勢

（まずはあなたがリラックスできる姿勢を）

背筋を軽く伸ばしましょう。最初はこれを意識してください。まず椅子に座って足を90度に曲げます。背もたれは使いません。頭が上からそっと糸で吊られたように、軽くアゴを引き、背筋をスッと無理なく伸ばしてみましょう。

その二

呼吸

（流れるようにおなかで呼吸を）

丹田という言葉を耳にしたことがありますか？ 瞑想には丹田を意識した呼吸法が効果的です。おへその指三本分下あたりが、丹田と呼ばれる場所です。この場所を意識しつつ、おなかをへこませたりふくらませたりしてゆっくりと流れるように、おなかで呼吸しましょう。呼吸は鼻呼吸です。おなかから息をすべて吐き切り、腹をへこませ、自然にゆっくりと大きく吸い込む、ただそれだけです。息を吐き切った反動で自動的に息を吸っていきます。呼吸のペースは、だんだんと静かにゆっくりになっていきます。吐く・吸うのときにそれぞれゆっくり数字を数えてみましょう。

その三

集中

（自分のなかに降りてみる）

目を閉じて、1と2をただ静かに続けてみましょう。最初は5分などの短い時間で構いません。そのうち、数字を数えることも忘れていくでしょう。回数を重ねると、あっという間に時間がたち、気持ちがすっきりしていきます。無理はせず、力を込めない呼吸を繰り返します。あるがままの体の状態がキープされます。

その四

継続

（ただあり続けること）

時間をとって続けることが、なんでも難しいものですね。忙しい方は、日々の10分の時間もとれないかもしれません。それでも、思い出したときに目を閉じて丹田を意識し、静かに呼吸してみるだけでも違いがあります。瞑想は「しなくてはならない」こと、ではありません。あなたをリラックスさせてくれる、自分を慈しみ大切にするための自分を愛する時間と捉え、できるときにゆるりと、長く続けてみてください。

その四

心に浮かぶこと（ただ観察すること）

雑念を浮かべるな、と禅などではいわれることもありますが、瞑想を行ってみると、日によっては自分の心の声がどんどん浮かんで、気づけば雑念ばかりになってしまう、というときもあるのではないかと思います。

ですが、それで良いのです。日常の些細な心配事、悩み、不安、もしくは不満などいろんな思いが出てくると思いますが、それがあなたの今の姿です。深く呼吸をしながら、「ああこんなことを自分は考えているんだな」と最初は客観的に受け止めてみましょう。自分について今まで気づいていなかった新しい発見があるかもしれません。それらを受け止めながら、ただあるがままの自然に任せて呼吸を繰り返していると、不思議と呼吸も静かになり、間隔も長くなっていきます。もう十分と気の済むまで瞑想を楽しみましょう。

その五

瞑想は愛そのもの（魂の本質を忘れない）

自分自身が、地球上の存在であるということをただただ感じる――。それは、瞑想から得られる心地良さのひとつです。ひとりの人間としてあるがままの自然体でいること、それを深く実感していくと愛につながるのだと思います。瞑想はそのかけがえのない体験を私たちに与えてくれるものです。

私たちはひとりで生きているわけではなく、生かされています。命そのものが与えられてはじまっている、人間も動物も植物も、岩、砂、風、元素にいたるすべての存在・生命は、かけがえのないものです。

日常はせわしなく、ときに現実は厳しいものかもしれません。それらもすべて、これからさらに命そのものとして輝くために、必要な何かに気がつくための出来事なのかもしれません。その過程で、私たちの魂の本質を忘れないために、本来のあるがままの自分に帰るために、瞑想という方法は実に実用的なスキルです。

瞑想は、遥か古代に生きた先人たちが残してくれた特別な方法です。スキンケアを通じて古くから愛されてきた植物と遊ぶとともに、この素晴らしい方法を無理なくあなたのものにして、どうぞさらに光り輝く、素晴らしい人生を送ってくださいますように。

幸せを感じて生きること

私たち人間は、みんな生まれながらに「幸せ」な生き物です。それは、幸せの波動を持って生まれてきているからです。記憶を頼りに、思い出せば、すぐに私たちは、幸せや喜びの波動を世界中に放射することができます。

どんな道を歩んでいようと、すべてに間違いはなく、あなたの魂の求める方向へと確実に歩んでいると知りましょう。そして、あなたが決めてイメージした量の幸せを、人生を通じて体感するようになっているのです。ですから堂々とあなたの欲望に正直に心を開いて幸せを感じ、愛からのメッセージを発していきましょう。

ただ心のままに生きること。それだけで、あなたは、今ある現実をどうしたいか、自由に決めることができます。

いつでも誠実なる本心で、行動してください。そうすれば、どのような状況が訪れても、自分や誰かのせいにすることもなく、ただ物事を事実として、受け入れることができるようになります。誰かの人生を生きていたり、周りの情報に振り回されていると、『これは違う』『この道ではない』と、純粋なるあなたの真実が告げるのです。

あなたの真実は、見えている世界からやってきますから、周りの状況が急に厳しいものに思えたり、辛い出来事がやってきたりしているように感じることもあるでしょう。

あなたの生きる世界から発される出来事を、真実からの伝言であると受け止めて、あなたの道を自分で選び、歩いていきましょう。心から気持ち良いと思えるような、あなたの道をつくり出してください。それは、いつからでも可能なのです。今すぐにでも。

材料の購入リスト

手づりコスメのボトルやキャリアオイル、精油、ドライハーブなどを準備するときに便利な、おすすめのサイトをご紹介します。

ピーチピッグ ―― 手づりコスメ原料屋さんです。オーガニックのキャリアオイルなど、必要な材料をまとめて購入するのに適しています。
http://www.natural-goods.com

マンディムーン ―― 手づりコスメの原料が購入できます。ボトルやキャリアオイルなどを探したい方向け。
http://www.mmoon.net

薬局グローバ ―― マニアックな植物原料や、多種ある認定オーガニック精油を探すのにおすすめです。http://www.eco-globa.com

マヒカハニー ―― 非加熱で無濾過な酵素たっぷりのハチミツがおすすめです！
http://www.magicahoney.com

QUSUYAMA LLC. ―― ヒマラヤ山脈原産の野生種の精油たちに出会えます。
http://qusuyama.shop-pro.jp

メドウズ ―― 契約農家が無農薬で育ててきたオーガニック精油がおすすめ。
http://www.meadows.jp

プリマヴェーラ ―― ドイツの伝統的な植物療法や芳香療法を愛し取り入れたオーガニック精油メーカー　http://primavera-japan.jp

ヴォークススパイス ―― 世界中のオーガニックハーブと触れ合うことができます。
http://voxspice.jp

むすびに

最後まで読んでくださりありがとうございました。心より御礼申し上げます。この本が、あなたにとって、自由にのびのびと自分らしいスキンケアとライフスタイルを送るきっかけになることを願っています。

「今」の瞬間は、たった一度。その繰り返しが、あなたの未来をつくっています。人生、何が起こるかわかりません！　自分の本心に気がつき、やりたいことを迷うことなく、すぐに実行していくことが大切です。それが、自分の未来の選択を自信に変えていくことにつながっていきます。そして、みんなで健やかなつや肌の幸せいっぱいなおばあちゃんを目指しましょう！

最後に、次の方々に感謝を送りたいと思います。

この本を書くことを援助してくださった私のガイドのミシェール、大いなる宇宙、すべての愛と光、叡智の存在に感謝します。本書を手にしてくださった、素晴らしいご縁のある皆さんや、同じ宇宙に存在し普遍の愛に輝くすべての魂にも、愛とサポートに心からの感謝を捧げます。

本書の編集にご尽力くださった雷鳥社の竹林美幸さん、素敵なデザインにしてくださった川島卓也さん、素晴らしい光を届けてくださるカメラマンのｈａｃｏさん、ヘアスタイリングを担当してくださったシーレの藤森彰子さん、スクールの生徒の皆さん、サロンのお客様、大切な仲間たちに心から感謝いたします。そして、常に私のなかの輝きと強さに意識をあて続け、生き方を通して大きな影響と勇気を与えてくださる、私の大切な家族、すべてを育む母なる大地の地球に、深い愛と感謝を送ります。

奈緒子

NAOKO
奈緒子（立川奈緒子）

プロフィール

グロウアップメッセージ®創始者。オーガニック美容研究家。自然療法士。メッセージセラピスト®。西ドイツに住んだ5歳から高次のメッセージを聴き過ごす。10歳の頃にいじめにあい、エネルギーを一度閉じ、聴いていたことなどすっかりと忘れてしまう。その後、20代まで自分の一部を否定しながら過ごした結果、ひどい肌荒れに悩まされることに。改善のために試行錯誤をしている中で、植物で深い癒しが訪れることを知る。一物全体をコンセプトに、植物を使って祈りを込めたコスメを手づくりすることを始める。コスメづくりと共に、自分を一番に愛し認めることに取り組む過程で、再び高次のメッセージを聴くことをに目醒めていく。幼いころは、誰でも聴いているメッセージ。メッセージを聴いて生きることが普通の世界を目指し、メッセージセラピスト®を数多く輩出している。現在は原宿のアトリエサロンで、あなたという宇宙を感じながらメッセージに気がつき、あなたらしい美しさに目醒めていく道を丁寧に伝えている。

拙著『簡単！安心！手作り「ナチュラルコスメ」の教科書』（講談社）

URL；http://harmonywithearth.com/
BLOG；http://ameblo.jp/harmony-with-earth/
MEMBER SITE；http://agentpub.jp/growup/
MAIL MAGAZINE；
https://www.agentmail.jp/from/pg/2085/1/

自分らしく輝く
ナチュラルコスメのつくり方

２０１７年１月15日　初版第１刷発行

著者　奈緒子
編集　竹林美幸
写真　ｈａｃｏ
デザイン　川島卓也
印刷・製本　シナノ印刷株式会社

発行者　柳谷行宏
発行所　雷鳥社
〒１６７・００４３
東京都杉並区上荻２・４・12
電話　０３・５３０３・９７６６
ファックス　０３・５３０３・９５６７
http://www.raichosha.co.jp/
info@raichosha.co.jp
郵便振替　００１１０・９・９７０８６

ISBN 978-4-8441-3714-6-C-0077